蔬菜
的基础知识

U0387229

日本株式会社枻出版社　编

李　享　译

北 京 出 版 集 团
北京美术摄影出版社

目录

※本书插图系原文插图。
※书中涉及的餐厅地址、电话、营业时间等为编者截稿时的信息，实时信息请另行查询核实。

从 **5** 个要点入门

蔬菜的基础知识

四季的流转暗含在蔬菜的生长之中。
盛夏水灵灵的蔬果、寒冬暖身的根菜，
有意识地选择、食用应季蔬菜，
与由内而外调养身体有着密切的关联。

1 了解蔬菜的应季性与产地

樱花的开花期有应时北上的"樱前线"，时令蔬菜也有"蔬菜前线"噢！

在南北走向的狭长的日本，随着季节的推移，可收获蔬菜的产地也渐渐呈现北上的特点，简直就像接力赛中传递接力棒一样。来了解一下蔬菜的应季性和产地之间的关系吧！

2 了解蔬菜的分类与品种

"桃太郎"和水果番茄（Fruit Tomato）其实就是同一种番茄！

或许你并没有自己以为的那么了解蔬菜的分类与品种哟！水果番茄是什么番茄？新马铃薯又是指什么时候的马铃薯？在这一节，你将学会通过蔬菜的名称了解它的特征与美味的食用方法。

3 了解蔬菜的栽培方法

越是在好的环境下栽培的蔬菜，其美味程度与营养价值就越高

我们平常食用的蔬菜都是怎么栽培出来的呢？挑选安全的蔬菜的标准有什么呢？即使是同一种蔬菜，在不同的栽培环境下生长，其口味与营养价值也会有很大的不同。

4 了解合适的烹饪方法

与其记食谱，不如记下这些料理小诀窍和事前准备工作

要想把蔬菜做得好吃，首先得了解适合的烹饪方法。了解得越多，你的菜单就越丰富。在这一节，你将学会蔬菜的清洗方法、烹饪方法、备菜技巧等等。

5 了解蔬菜的保存方法

樱花的开花期有应时北上的"樱前线"，时令蔬菜也有"蔬菜前线"噢！

蔬菜有立型、土生型、藤蔓生型等分类，它们的生长环境不同，相应地，其保存方法也各异。为了避免浪费，用不完的蔬菜，存放时要尽量保持它们的最佳状态。

1

了解蔬菜的应季性与产地

在随时可以购买到各种蔬菜的今天，
我们更想知道的是，
蔬菜的应季性与其产地之间的关系。

    所谓应季，是指蔬菜应时节而成熟、大量上市销售的那段时期。当季的蔬菜是在顺应自然条件的栽培方法下培育的，因此会更加美味、营养价值更高，同时价格也更实惠。

    在应季这段时期里，还分早上市、旺季、临下市这几个时期。所谓"早上市"，是指蔬菜刚上市，可以尝鲜的时期。所谓"旺季"，是迎来收割高峰期、蔬菜口感最佳的时期。所谓"临下市"，顾名思义，就是蔬菜快要下市的时期。"春天到了，油菜花开了""到西瓜最好吃的季节啦""今年的竹笋又快没了"，这些话里无一不藏着蔬菜的应季性。

让我们从应季蔬菜中感受四季，
由内而外调整身体的律动吧！

马铃薯前线

洋葱前线

我们都知道马铃薯和洋葱的产地是随时间的推移自南向北推进的。让我们来看看它们的主要产地的收获期吧。马铃薯初收于初春时节的鹿儿岛县和长崎县，随着时间的推移北上，夏季收于北海道，到冬天再收于鹿儿岛县和长崎县（因气候温暖，此二县可一年种植两季），仿若回到了起点。洋葱也如此，3月左右起在佐贺县和爱知县即可开始收获，直到10月左右收获结束于北海道，洋葱的产地也是一直在移动的。

※主要产地的收获期来源：洋葱——2006年产品类经营统计（日本农林水产省），马铃薯——基于全国JA（日本农协）调查的编辑部数据

兵库县/5～6月

爱知县/3～6月

佐贺县/3～6月

长崎县/
4～6月、11～12月

鹿儿岛县/
1月下旬～6月、12～次年1月

北海道/7~10月

北海道/
7月下旬~9月下旬

茨城县/6~7月

千叶县/6~7月

樱花的
开花期有应时北上的
"樱前线"，时令蔬菜
也有"蔬菜前线"噢!

01

番茄的时令是春还是夏?

露地栽培的番茄时令是夏季

番茄是在春天种下苗，在夏天露地的田地里结出鲜红的果实。暑热盛期，番茄水灵灵的，格外美味。不过也有番茄的时令是春季的说法。例如，在番茄原产地安第斯山地带那样昼夜温差大、湿度低的环境下的温室栽培出的春番茄并不会比夏时令的番茄青涩，而且也很香甜。糖分高的用作水果的番茄也常在春天上市。所以这个问题的正确答案是："番茄既是春时令蔬果，又是夏时令蔬果。"

02

为什么冬天的蔬菜更甜?

寒冷是蔬菜的"催甜剂"

菠菜、白菜等冬季的绿叶蔬菜都有"甘自寒霜来"的说法。为什么会有这种说法呢? 这是因为在寒冷的环境下，蔬菜为了御寒会减少自身水分含量，相应地，其糖分含量就增加了。水分中的糖度越高，蔬菜越不容易受冻。冬季的蔬菜一边沐浴着充足的阳光，一边在寒冷中茁壮成长，这让它们的口感更甘甜，营养也很充足。菠菜虽四季可栽培，但冬菜的维生素C的含量就远远多于夏菠菜。

2
了解蔬菜的分类与品种

每个季节里，店铺里都摆放着许多蔬菜。
那么蔬菜都有些什么种类呢？让我们一起来看一下吧！

    蔬菜有很多的分类方法，比较实用的有根据其可食用部位和根据其营养物质进行分类的方法。

    根据其可食用部位来分类，大致有以下三种：叶茎菜类，即叶或茎可供食用的蔬菜，如菠菜、西蓝花；果菜类，即果实可供食用的蔬菜，如番茄、茄子；根菜类，即根部可供食用的蔬菜，如萝卜、胡萝卜。这种分类方法让人比较容易把握蔬菜的外形与特征，以及其栽培的季节。

    根据其营养物质来分类，可分为黄绿色蔬菜（又名有色蔬菜）和浅色蔬菜。

    黄绿色蔬菜是富含胡萝卜素的蔬菜，如胡萝卜、南瓜。根据厚生劳动省的规定，"富含胡萝卜素"的标准是"原则上每100克可食用部位的胡萝卜素含量大于600微克"。不过，番茄和青椒的胡萝卜素含量虽然没有达到这个标准，但它们是胡萝卜素的供给源，所以它们也被归类为黄绿色蔬菜。

    浅色蔬菜则是非黄绿色蔬菜类的蔬菜。

你能说出几种我们常吃的蔬菜种类呢？

01
受重视的传统蔬菜

受保护并传承下来的地方蔬菜

    有些蔬菜是日本一些地方特有的，比如京野菜、加贺野菜、难波野菜、江户野菜，等等。这些蔬菜适应当地的气候和水土，经过漫长岁月生长至今。虽然也几度经历存亡危机，但在一部分种植者的重视与保护下，这些地方蔬菜传承了下来。从很久很久以前起，这些传统蔬菜就是当地司空见惯的产物，也是烹饪乡土料理所不可或缺的角色。地方蔬菜的独特风味是回味无穷的，如今它们和它们背后所承载的故事一起焕发出了新的生命力。了解传统蔬菜请前往第158页。

左）加贺野菜中的加贺太黄瓜。个头大的可重达1千克。 右）江户野菜中的马込三寸胡萝卜。比一般胡萝卜矮、粗

什么是F1品种和固定品种?

这是个蔬菜品种数
不胜数的世界

有一种蔬菜种类叫作F1品种。店里卖的蔬菜几乎都是用F1品种的种子栽培的。F1品种是人工交配种，是杂交第一代。F1品种抵抗病毒害能力强，外形好，收获丰，但这些优点无法传给下一代。也就是说，拿F1品种生出的籽再去播种是种不出跟母代一样的蔬菜的，所以农家每年都需要买新种苗。地方蔬菜等固定品种的消亡正与F1品种席卷全国有关。

左）固定品种秋葵种子。有的农家采取小规模自家采种（从自己生产的作物中采集种子）的模式。右）加贺野菜中源助萝卜的种子。地方蔬菜是固定品种蔬菜

蔬菜的各类品种

为餐桌添色的多彩蔬菜

在品种齐全的果蔬店、商场的果蔬销售处等地方，每个季节都有相应的各种蔬菜出售。以萝卜为例，除了最常见的青萝卜，还有很多的种类，比如用在沙拉里可以整个食用的迷你型萝卜，在欧洲很流行、可以炖煮烹调的黑萝卜，还有辛辣味重、可以捣碎食用的辛萝卜。番茄也是很有代表性的大小、外形、颜色多样的蔬菜。最近，甜椒也出了很多颜色的种类。如果你看到很稀有的蔬菜，可一定要尝尝鲜啊！

右上起顺时针顺序依次为：辛萝卜、适合做沙拉的迷你型萝卜、沙拉女士萝卜（lady salad，是神奈川县三浦市的特产萝卜）、红萝卜、在欧洲很有人气的黑萝卜

右上起顺时针顺序依次为：小西红柿（优糖星）、桃太郎番茄、小红番茄（优糖星）、尖尾番茄（fast tomato，在桃太郎番茄出现的1985年以前，这种番茄是日本番茄的主要品种）、微型番茄

左上起顺时针顺序依次为：甜椒、尖椒、属于京野菜的万愿寺辣椒。这些辣椒都是口味不辣的，与青椒是同类

3
了解蔬菜的栽培方法

虽然现在大家更关注食品安全及自给率，但还是希望你能先了解蔬菜的栽培方法。
从种子到成熟的蔬菜，究竟是怎么培育的呢？

在介绍蔬菜的栽培方法之前，首先要跟大家说说食物自给率。2007年日本的食物自给率为40%。按具体类别来看，马铃薯（土豆）为76%，含大豆在内的豆类为7%，蔬菜为79%。而主食用大米为100%，小麦为13%。可以看出蔬菜的自给率相对较高，但实际上在1989年这一数据为90%。

自给率之所以持续低迷，是因为消费者意向的变化以及从事农业的人力不足。为了今后能够安心地继续食用蔬菜，我们有必要在了解生产者、栽培方法的基础上来选购蔬菜。

栽培方法可大致分为两种：一为在屋顶等无遮盖的地方种植，这叫露地栽培；一为在塑料大棚或温室等室内种植，这叫温室栽培。

温室栽培易于控制温度及水分，可保证蔬菜全年的供给和价格都很稳定。它还有一个优点，即人工加热（利用石油等），通常可以尽早进行。

蔬菜是在田地中生长的。我们每天食用的蔬菜
究竟是如何培育的呢？

01
关于有机农产品

什么是有机JAS标识？

只有满足有机JAS规格（JAS法）的要求、通过认证机构的检查与认证的企业才能贴有机JAS标识。法律禁止未贴有机JAS标识的农产品、农产品加工食品含有"有机、有机栽培"的名字。有机JAS规格的要求有：原则上不使用或在规定的范围内使用农药及化学肥料，栽培的土地在播种或插秧之前有两年以上（多年生作物则为收获前三年以上）没有使用农药及化学肥料，等等。

有机JAS标识。标识下方为认证机构名

02
什么是惯行农业？

减少农药的举措

所谓惯行农业，是指在某一区域一般采用的生产方式，是由国家规定农药及化学肥料的使用的农业。惯行农业常用于区分有机农业和特别栽培。农药的使用次数和化学肥料的含氮量比惯行农业少50%的就是特别栽培。农药及化学肥料的使用情况可参看产品包装或通过网络查看国家规定的《特别栽培农产品标识指南》。

土壤对蔬菜的培育很重要

关于无农药栽培与
无化学肥料栽培

不使用农药的栽培即为无农药栽培。而所谓
无化学肥料栽培，是不使用化学肥料，只使用有
机肥料的栽培方法。肥料多为糠、鸡粪、油渣等
发酵过的产物。发酵植物的残渣、落叶等产生的
堆肥也是肥料的一种。当然，也有采取无肥料栽
培的生产者。

发酵糠、鸡粪等有机质做成的"晕肥"

什么是温室栽培？

在温室中管控温度与水分

使用塑料大棚、温室等设施的栽培方法。其
优点是可保证蔬菜全年的供给并且价格都很稳
定。其中熊本县的番茄栽培很有名。此外，还有
利用温室栽培无农药、无化学肥料的蔬菜的生产
者。例如，有的有机栽培番茄就是温室栽培的。

什么是露地栽培？

蔬菜有其特定的栽培时期

没有屋顶等遮盖物、在田地中栽培的方法即
为露地栽培。这样种植出的蔬菜叫作露地蔬菜。
因为要适应当地的气候、风土，所以播种时期、
插秧时期、收获时期都是特定的。不过虽然是露
地栽培，有时也会铺一层塑料膜、罩布等在田垄
上，这些塑料膜、罩布叫作"覆盖料"，用以保
温及防虫。

其他栽培方法

栽培方法不同，种出来的
蔬菜也不同

不同的生产者会有不同的栽培方法，例如还
有不用土的水耕栽培。栽培极度控制水分、糖度
很高的水果番茄的方法也属于栽培方法中的一
种。还有菠菜也有一种栽培方法叫作寒闭法，在
寒冷的冬天可以增加甜度。下图为寒闭法栽培的
菠菜，其叶皱缩。

4
了解合适的烹饪方法

同样的蔬菜，做法不同，其味道及营养价值也会改变。
让我们来了解一下每种做法的特征，尽情享受蔬菜的美味吧！

　　蔬菜含有大量维生素和矿物质等营养成分，我们要最有效、最健康地摄取其营养，保证其美味，就要了解其烹饪方法。即使是同一种蔬菜，生食和加热不同情况下我们能摄取到的营养和可食用的量也是不同的。

　　首先介绍一下简易的生食。生食的好处在于我们可以最大程度摄取维生素C和维生素B群，因为它们是不耐高温的。此外，蔬菜含有大量加强身体活性的酶，这些酶也是生食才不易损失。

　　烧烤、烹炒等加热做法能够去除蔬菜中的水分，提炼其美味。像黄瓜、生菜这种生食情况较多的蔬菜，过一道火序也会有不同的风味。使用油的话也能提高脂溶性的维生素A和维生素D的吸收率。

　　油炸的优点在于，因为它是在高温的环境下能够在短时间内完成的做法，所以维生素C的损失较少。

① 生食　提到做生食的准备，像卷心菜、生菜等蔬菜可以直接手撕，这样既不伤蔬菜的细胞，口感也佳。另外，为了防止营养成分的流失，最好在切蔬菜前先将其洗干净。

把切成薄片的洋葱浸泡在水中是很重要的

在黄瓜上撒上盐，在菜板上搓揉，以使其绿色更加鲜艳，增加风味

卷心菜、生菜采用手撕做法口感好

② 烤　通过不加水的加热手段，牢牢锁住其美味。可以使用烤箱、煎盘、烤架等不同的工具。用烤箱和煎鱼用烤架将食材整个烤制能发挥出其原本的风味。

将风味满满的烤蔬菜放进腌菜中，趁热腌泡

十分方便的煎鱼用烤架。蚕豆适合烤焦一点

用锡纸将马铃薯整个包好放入烤箱中

3 炒

若想不让营养流失，同时保留食材的口感，诀窍在于要用强火炒制，锁住水分。如果是混炒，则按顺序下菜，先放比较难熟的菜，这样菜会会更加美味。

先炒辣椒、大蒜此类会产生浓郁香味的食物

混炒要按顺序下菜，先放比较难熟的菜

盖上锅盖，只利用蔬菜自身的水分来炒煮的做法

4 炸

小菜、便当里很受欢迎的油炸食品。不去皮直接油炸可以锁住营养成分。清炸（不裹煎炸粉）的话，可以不用很多油。

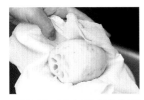
为防止溅油，在清洗蔬菜后应将其表面的水分擦干

把沾了水的筷子擦干，伸入油锅中，有泡冒出即可开炸

炸至黄褐色即可。不确定的话可用筷子戳戳看是不是炸好了

5 煮

易熟的蔬菜，如叶菜类是等水沸腾后下锅；不易熟的蔬菜，如根菜类等是一开始就和冷水一起煮。叶菜类容易变色，所以焯一下即可。

不易熟的蔬菜，像根菜类和薯类则不等水沸腾，而是一开始就放冷水里煮

易熟的蔬菜等水沸腾后焯一下即可

蔬菜汤做法简单，又能一次性放入各种蔬菜

6 蒸

蒸菜不用油，既健康，因加热造成的维生素的流失又较少。一般这种做法下蔬菜的外形不会被破坏，其本身的风味也能得到保留，是人们用得比较多的做法。

同时蒸几样食材的话最好将它们切至差不多的大小

充分热锅后等蒸汽出来了即可开始蒸菜

蒸盘可用锅或者小笼屉代替。还可用上图这种蒸盘，基本上什么锅都适用

事前准备的基本要点

在做菜之前，我们要先知道事前准备的基本要点。
蔬菜应当如何清洗？要不要去皮？
这些简单的问题在这里就可以解决！

① 清洗要点

清洗方法影响口感和
营养价值

　　蔬菜所含有的营养成分中，维生素B群和维生素C是易溶于水的。也就是说，在水里浸泡的时间越长，洗得越多，其营养流失得就越厉害。菠菜和小松菜等叶菜类应当从容易积淤泥的根部开始仔细清洗，之后粗略洗洗即可。叶菜类如果边手撕或边切边洗的话，维生素会从其切口流失，所以最好保持其一整片的形态清洗。

菌菇类不是用水洗，应当用湿抹布将其污垢擦拭干净

芜菁的根部容易积泥，可借助竹签类工具清洗

卷心菜、叶用莴苣要保持其一整片的形态清洗，洗干净后再手撕

将容易积泥的叶菜类根茎掰开清洗

② 去皮？
不去？

有时我们会烦恼到底
要不要去皮呢

　　如果是不需担心有残留农药的蔬菜，其皮和靠近皮的部位也是很有营养的，不去皮也无妨。若不介意，胡萝卜和芜菁也是可以带皮食用的。靠着芹菜、芦笋、西蓝花的根很近的茎部比较硬，可以用削皮器这类工具把皮削薄。莲藕和牛蒡就别用刀削皮，可以用刷子、刀背或者拧成一团的锡箔纸将表皮的污垢刷掉。

用拧成一团的锡箔纸擦拭莲藕表皮可去除污垢

皮薄且嫩的新马铃薯可以带皮食用

萝卜皮可用来做金平牛蒡（一种日本菜肴），用处多多，可别丢掉哟

芦笋根部坚硬，可以用削皮器削去

❸ 什么是蔬菜 的 "腥" ?

多酚是营养之源

蔬菜的 "腥" 是苦味、涩味等口感的总称。带来这种口感的成分，具有代表性的有菠菜、竹笋、山菜中含有的草酸。草酸虽说是导致结石的原因之一，但只要不过量摄取对健康并不会造成影响。最近菠菜上市了很多可以生食的品种；茄子、马铃薯、牛蒡等蔬菜切开后放置一段时间就会氧化变色。为了保证它们的口感需要做些处理，而所谓去腥，也就是为了保证口感而做的一些处理。

将切开的马铃薯泡在水中以防止氧化变色

茄子同样。新鲜的茄子可以直接揉搓点儿盐就食用

滚水焯一下菠菜能去掉草酸

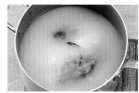

竹笋去腥：用淘米水煮1小时

❹ 基本切法

根据菜肴和蔬菜种类 有着不同的切法

蔬菜有很多种切法，像切成圆片、切成瓣儿、切丝儿、剁，等等。同一种蔬菜采取不同的切法，其口感和味道也会改变，相应地，它能做出的菜肴也更加丰富。需要开火的情况下，切细、切小都会影响到加热时间的长短。此外，顺着纹理切不容易切断，而逆着纹理切反而更省力。而且此蔬菜在这道菜中是主角还是配角，其不同切法也应有所调整。

将球形的蔬菜竖切成等分的瓣儿。一般这种切法用于做沙拉或煮食

乱刀切成一致的大小。这种切法切出来的食材暴露出来的面积较大，更易入味

顺着纤维切出粗细一致的细丝。便于生食

将圆筒状的食材切成圆片。切的厚度不同口感也会不同

5

了解蔬菜的保存方法

把用不完的蔬菜好好存放起来。
别浪费，记得把它们吃干净。

　　蔬菜采收后依然在生长。举例而言，把薯类放置在阳光照射处它还能冒芽；如果你不摘掉萝卜和胡萝卜的叶子，放置一段时间叶子就会长大，而根部会萎缩。采取办法抑制蔬菜的这种生长，不让它的生命力流失，其实就是保持其鲜度、让其经久耐放的要点。保持完整形态就能长时间保存的蔬菜切开后其活力就开始流失，土生蔬菜离开了土壤就不耐放。

　　想知道如何保存蔬菜，首先要了解蔬菜的栽培环境和性质。我们要分清它是叶菜类等向上生长的蔬菜，还是根菜类等在土里栽培的蔬菜，抑或是番茄、茄子这类会结果实的蔬菜，它耐寒还是不抗冻，等等。蔬菜性质不同，其保存方法也各异。

　　立型蔬菜指菠菜、水菜、白菜、西蓝花、芦笋这类叶、蕾、茎均可食用的叶茎菜类。

蔬菜亦有生命。
要保存蔬菜，就要创造符合它生长环境和性质的条件。

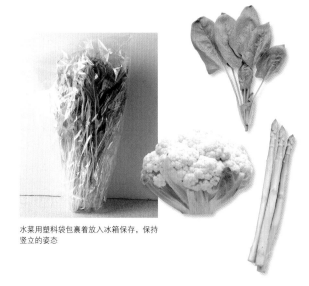

01

立型蔬菜

向上生长的就是
立型蔬菜

　　菠菜、油菜花、芦笋、花椰菜、韭菜、葱、白菜一类向上生长、茎叶可食用的蔬菜就是立型蔬菜。你要是把它放倒搁置，它为了保持生长时站立的姿态会消耗很多能量。所以存放这类蔬菜时，需要用保鲜膜或塑料膜包裹起来，立着放在冰箱里。

水菜用塑料袋包裹着放入冰箱保存，保持竖立的姿态

土生型蔬菜

在土里培育的就是
土生型蔬菜

　　马铃薯、番薯、芋头、山芋等薯类蔬菜和萝卜等根菜类蔬菜这种地下部位供食用的是土生型蔬菜。这类蔬菜用报纸包裹起来，放至阴暗处保存即可。萝卜、芜菁等叶菜类需要先把叶片摘掉再存放。洋葱、大蒜则带皮存放。

每个马铃薯都用报纸包起来保存

藤蔓生型蔬菜

果实结在茎、蔓上的
就是藤蔓生型蔬菜

　　番茄、茄子、黄瓜、苦瓜、荷兰豆、毛豆、南瓜这类果实可供食用的果菜类又叫作藤蔓生型蔬菜。一般这类蔬菜的原产地都是酷热地带，收获期在夏季，不耐寒。所以这类蔬菜不能放进冰箱，而应该放在竹筐或者木箱里，存放在通风较好的地方。

存放在通风较好的地方。如果切开了就用保鲜膜包裹起来放进冰箱

冷冻保存

趁新鲜
煮硬后冷冻

　　家里用的冰箱也可以冷冻保存蔬菜。把蔬菜焯一下，切至适合食用的大小，去除蔬菜内部的水分。待温度降下来后，准备好一个金属托盘，先垫一层保鲜膜，将切好的菜铺上去，再封上一层保鲜膜，放入-18℃以下的冰箱冷冻层快速冷冻。冷冻好后将菜放入可密封的袋子或容器内。

左）小窍门；去除蔬菜中的水分后再冷冻。右）冷冻新鲜的蔬菜其维生素C的残留率就较高

有益身体!

从基本营养到植物化学物质

蔬菜的营养学

为什么我们总是说"蔬菜有益健康"呢? 蔬菜究竟含有哪些营养成分,对身体有什么好处? 了解这些我们就能够更健康地生活。

维生素

维生素B₁

建议每日摄入量:男性1.4毫克、女性1.1毫克

碳水化合物在体内转化为能量时,维生素B₁就派上用场了。缺少维生素B₁的话乳酸等会积留在体内,还易造成疲劳。维生素B₁的水溶性好,所以要注意洗菜、备菜、做菜时维生素B₁容易随水流失。

含量第1
[浅色]毛豆
0.31毫克

2	[浅色]大蒜	0.19毫克
3	[有色]长蒴黄麻	0.18毫克
4	[有色]荷兰豆	0.15毫克
5	[浅色]甜玉米	0.15毫克
6	[有色]芦笋	0.14毫克
7	[有色]西蓝花	0.14毫克
8	[有色]紫苏	0.13毫克
9	[有色]欧芹	0.12毫克
10	[薯类]薯蓣	0.11毫克

维生素B₂

建议每日摄入量:男性1.6毫克、女性1.2毫克

维生素B₂有助于碳水化合物、脂肪、蛋白质的代谢。体内缺少维生素B₂的话,所摄入的碳水化合物、脂肪、蛋白质的能量不仅无法正常代谢,还会残存在体内,长此以往人就会发胖。

含量第1
[有色]长蒴黄麻
0.31毫克

2	[有色]紫苏	0.32毫克
3	[有色]欧芹	0.24毫克
4	[有色]西蓝花	0.20毫克
5	[有色]菠菜	0.20毫克
6	[有色]茼蒿	0.16毫克
7	[浅色]毛豆	0.15毫克
8	[有色]芦笋	0.15毫克
9	[有色]鸭儿芹	0.14毫克
10	[有色]韭菜	0.13毫克

维生素C

建议每日摄入量:100毫克

有助于合成蛋白质和胶原蛋白,提高免疫力,从而强化肌肉,能够预防感冒病毒的入侵。此外,维生素C还有助于提高铁元素的摄取,从而预防贫血、抗压。

含量第1
[有色]红辣椒
170毫克

2	[有色] 黄辣椒	150毫克
3	[有色] 欧芹	120毫克
4	[有色] 西蓝花	120毫克
5	[浅色] 花椰菜	81毫克
6	[有色] 青椒	76毫克
7	[有色] 长蒴黄麻	65毫克
8	[有色] 荷兰豆	60毫克
9	[有色] 尖椒	57毫克
10	[有色] 笋瓜	43毫克

维生素、矿物质
帮助三大基本营养物质的吸收

碳水化合物、脂肪、蛋白质合称三大营养物质。

在食物中,它们含有能量,是我们身体不可或缺的基本营养物质。

这三大营养物质再加上维生素和矿物质,合称五大营养素。维生素和矿物质虽然不是组成身体所需的物质,但它们像三大营养物质一样是能量的来源,在调整身体状况的活动中扮演着重要的角色。

要说维生素和矿物质含量高的食材,毫无疑问那就是蔬菜了。蔬菜不仅含量多、种类丰富,各类的含量还很均衡。

除此之外,蔬菜中还含有膳食纤维、植物化学物质等最近备受注目的营养物质。"最近总有点不太舒服……"你有这样的烦恼吗? 有的话那就从现在起多吃蔬菜吧!

什么是植物化学物质?

采收时期：叶子需要在花开前收，花需要在色泽最美的时候采摘。因为鲜度非常重要，所以最好在要用之前采摘。使用带泥食材和店里出售的食材时最好先以水洗净，去掉湿气后再使用。

黄体素
番茄红素
花青素
β-胡萝卜素
葡聚糖
异黄酮
大蒜素
烯丙基硫醚

矿物质

钙元素	铁元素	钾元素

每日摄入目标量：男性650毫克、女性600毫克

钙元素在人体中的含量占体重的1%~2%。钙元素形成坚固的骨头和牙齿，协调体内神经传递物质的运转。若缺少钙元素，人容易焦躁，而且也易导致骨质疏松症。要有效摄取钙元素，最好同时食用维生素D含量多的食物。

建议每日摄入量：男性7.5毫克、女性6.5~10.5毫克

铁元素多存在于血液中的血红蛋白里，往身体各处运送氧，残留的铁元素会贮藏在肝脏和脾脏。动物性食物主要含有血红素铁，植物性食物主要含有非血红素铁，蛋白质有助于非血红素铁的吸收。

每日摄入标准量：男性2000毫克、女性1600毫克

人体细胞内部钾元素含量多，外部钠元素含量多，它们的日常运动就是你来我往。缺少钾元素的话细胞内部的钠元素含量就会增加，这是导致高血压等疾病的原因之一。虽然很多食品中都含有钾元素，但在料理的过程中钾元素的损失也很大。

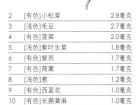

含量第1
[有色]欧芹
290毫克

2	[有色]长蒴黄麻	260毫克
3	[有色]紫苏	230毫克
4	[有色]小松菜	170毫克
5	[有色]落葵	150毫克
6	[有色]茼蒿	120毫克
7	[有色]青梗菜	100毫克
8	[浅色]紫叶生菜	66毫克
9	[有色]分葱	59毫克
10	[浅色]毛豆	58毫克

含量第1
[有色]欧芹
7.5毫克

2	[有色]小松菜	2.8毫克
3	[浅色]毛豆	2.7毫克
4	[有色]菠菜	2.0毫克
5	[浅色]紫叶生菜	1.8毫克
6	[有色]紫苏	1.7毫克
7	[有色]茼蒿	1.7毫克
8	[浅色]葱	1.2毫克
9	[有色]西蓝花	1.0毫克
10	[有色]长蒴黄麻	1.0毫克

含量第1
[有色]欧芹
1000毫克

2	[有色]菠菜	690毫克
3	[薯类]芋头	640毫克
4	[浅色]毛豆	590毫克
5	[有色]长蒴黄麻	530毫克
6	[大蒜]	530毫克
7	[有色]韭菜	510毫克
8	[有色]鸭儿芹	500毫克
9	[有色]小松菜	500毫克
10	[有色]紫苏	500毫克

调养身体的维生素、矿物质

维生素是可以调养身体的营养物质。现在确认的人体所必需的维生素有13种，除了大家熟知的维生素B群和维生素C，还有维生素D、维生素E、维生素K等，它们的功能也是不同的。

我们都知道矿物质跟维生素一样，也具有调养身体的功效。如果我们从元素的角度来剖析人体，那么碳、氢、氧、氮就占了整个人体的96%左右。而剩下的4%的元素就是人体无法自身产生、合成的物质，我们叫它矿物质（又称无机盐）。现在确认的人体所必需的矿物质有16种。

维生素和矿物质虽然不能转化成能量，也不能构造人的身体，但它们对维持身体生理功能是不可或缺的。三大营养物质过剩、维生素和矿物质摄取不足的人较多，这就是当代人的现状。

四季
蔬菜

夏

大图鉴

我们天天吃着蔬菜，然而对蔬菜的基本知识却并不是那么了解。所谓时令是什么时候？这个菜有什么营养？挑选时有什么要点？该如何保存？这些问题的解决办法，都在这本大图鉴里！在这里，我们将所有有用的信息浓缩成一本随手可拿的书，带着这本书，享受有蔬菜的每一天吧！

春季蔬菜
番茄

营养凝聚在红色里的优秀蔬菜

番茄原产自南美洲的安第斯山地带，16世纪经由欧洲传到世界各地。番茄虽然全年都有销售，但它本身的应季时令为春季至夏季。番茄的生长受日照时间和生长天数的影响，故而夏番茄长得快、个头大、水分多，口感清爽；而春番茄和秋番茄生长较为闲适充裕，个头小，所以口感更浓郁。

从上市前被催熟的"青番茄"，到酸味少、果肉多而结实的"尖尾系番茄"，再到酸甜可口的熟透了的"桃太郎"，上市的番茄品种一直在重复这一变化。

番茄的红色来源于功能性成分（植物化学物质）的一种——番茄红素。一般而言，颜色越红，番茄红素含量越多，还有胡萝卜素带来的强力的抗氧化功能。番茄一次性可以食用很多，所以通过番茄摄取营养物质也是很有效果的。

春

[黄绿色蔬菜]

[日本名]	小金瓜、番茄、赤茄子、珊瑚树茄子
[英文名]	tomato
[科·属]	茄科　番茄属
[原产地]	南美洲安第斯山地带
[美味时期]	2～5月
[主要营养成分]	胡萝卜素、维生素B_6、维生素C、钾
[主要产地]	熊本县/全年
	北海道/4月上旬～11月下旬
	千叶县/全年
	茨城县/全年
	爱知县/10～次年4月

Good! 挑选小窍门

◎浑圆，表皮紧绷且有光泽

◎从尾部到蒂部有呈放射状的纹理

切法

赏心悦目的切法也有很多种

番茄最流行的切法是切成一瓣一瓣的和切成圆片的，这样就像花瓣一样可以装饰菜肴。此外还有切成块状的，可用于沙拉，以及其他切法。要做调味汁、调料的话建议剁成泥。

<切成瓣儿>

去蒂，将番茄切成6～8等分的瓣儿。色香味俱全的切法

<切成圆片>

将番茄横过来，竖着切出圆片。切厚片则适合烧烤

<番茄杯>

切掉番茄上部约1/4处，将番茄内部掏空

保存方法

带青色的番茄可在常温下催熟

熟透了的番茄得用保鲜膜包裹住放入冰箱保存，同时要注意，温度低于5℃味道就会有损。青色、较硬的番茄则常温保存以催熟，需要注意的是，放在过于阴冷的地方甜度会下降。

事前准备·烹饪要点

根据用途不同选择合适的去皮法

很多人在意口感，从而衍生出了4种番茄去皮法。一为用刀轻轻在番茄表面等分划开，然后放入沸水中一会儿，即可轻松去皮的热水法；一为直接放火上烘烤即可去皮的烘烤法；一为将番茄冷冻后用流动水冲洗即可轻松去皮的冷冻法；最后是用专用削皮器的方法。

另外，如果籽很大影响口感或是不想番茄水分流失的话，可以用勺子将籽挖出。将番茄横切成两半比较容易挖籽。

❶

短时间内迅速去皮

在番茄底部轻轻划十字，①放入沸水中；②表皮剥离后将番茄放入冰水中手撕去皮

1　2

❷

旋转加热表皮

叉子从蒂部插入，用火烤表皮1～2分钟，注意均匀受热，不要烤焦

❸

活用籽

如果不想番茄水分流失可以用勺子把籽取出。籽周围的果冻状部分很甜，所以别扔了，还可以用来做别的菜肴

色泽、紧绷、星形

颜色红润说明是在接近熟透的状态下收获的，这种番茄全身赤红，个头圆润，果肉味道浓郁，十分可口。

相同大小的番茄要选择身子重、皮紧绷且有光泽、蒂是绿色且长得好的那一个。表皮颜色不均或有白斑的番茄一般味道都比较淡。

<放射线>

从尾部出发向蒂部呈现放射状的纹理，纹理将番茄等分，此为良品

<整体>

尾部和蒂部附近紧实，无变色和伤口。整体圆润

<重量>

相同大小则选择更重的那个。这种一般果肉紧实，更甜

番茄的

品种多样性

春

① 桃太郎

【上市时期】 7~8月

【特征】
现在市场上流通的番茄大部分都是此品种。桃太郎的特点是个头大、果冻状部分多、酸甜可口。桃太郎的表皮是粉色，完全成熟后转为赤红。桃太郎长在植株上，整体紧实，所以收获后不容易变质

【美味食法】
沙拉、果汁、番茄酱。果冻状部分很甜，可以炖熟吃

② 尖尾番茄

【上市时期】 冬~春

【特征】
个头大、尾部尖。因为果肉多，而果冻状部分少，所以酸味少。果肉紧实，适合做三明治。夏季的尖尾番茄不酸也不甜。经过品种改良，现在也有尾部不尖的尖尾番茄了

【美味食法】
尖尾番茄甘甜且口感好，适合做沙拉。果冻状部分很少，吃起来也很方便

③ 水果番茄

【上市时期】 11~次年5月

【特征】
水果番茄是糖度在8度以上的番茄的总称。为了增加糖度，栽培这种番茄时会控制给水量，含水量降低，相应地，甜味与美味就提升了，色香味浓。这种番茄果实小，较硬实。水果番茄中甚至有糖度在10度以上的可与水果媲美的种类

【美味食法】
水果番茄很甘甜，适合生食。跟橄榄油也很配，还可以做番茄酱、果酱，加热食用也不错

④ 小火箭

【上市时期】 全年（具体日期看产地）

【特征】
因为身形细长呈椭圆形，所以被称为"小火箭"。味甜，果肉厚实，果冻状部分少，口感脆。番茄红素含量是普通番茄的2倍。可加热也可生食。最低糖度为7度

【美味食法】
因为果肉厚实，所以不管是生食还是做热菜都很美味

5

微型番茄

【上市时期】 几乎全年（产量极少）

【特征】

是与原种相近的改良品种。常被误认作覆盆子和
红酸栗。比小西红柿还小，果肉大小在直径1cm
以下。适合做菜肴的装饰配品，也可以做番茄酱

【美味食法】

可以放在蛋糕上或酸奶里，也可以做前菜以及肉
菜的装饰配品

6

优糖星

【上市时期】 7~8月

【特征】

属于高糖度小番茄，这类品种采用生态栽培方
法，利用夏季太阳能加热，并使用有机肥料。糖度
在8度以上。酸度适中，更为其甘甜添色

【美味食法】

做沙拉，或者简单煎一下也很好吃。熟透之后可
做果汁，味道很浓郁

7

青斑马

【上市时期】 几乎全年（产量极少）

【特征】

原产自美国。色泽鲜绿且有条纹图案。这种番茄
就是绿色的，不像其他番茄成熟后颜色鲜红。个
头小，1颗重约40克。没什么甜味，果实较硬，适
合做前菜。香味浓郁，可长期收获

【美味食法】

口感脆，适合做西式腌菜等料理。也可炒制。也
可做绿色的调味汁

8

西西里胭脂

【上市时期】 6~11月

【特征】

意大利西西里岛南部的改良品种番茄。果肉纤维
部分多，果冻状部分少。酸甜适宜，酸味充足，
加热食用别有一番风味

【美味食法】

适合加热食用。加热后香甜浓郁，色泽红润，也
适合放到意大利面和汤里

甘蓝

女性所需维生素及膳食纤维含量丰富的蔬菜

　　江户时代，甘蓝传至日本。明治时代，日本开始种植甘蓝。甘蓝全年均有销售，不过春甘蓝触感松软、轻巧、水分多，而冬甘蓝结实、口感硬实，所以建议针对不同时节甘蓝的特点做不同的菜肴。除了春甘蓝和冬甘蓝，还有富含花青素的紫甘蓝，茎上结有许多小叶球的芽甘蓝（又叫抱子甘蓝），属于非结球芽甘蓝的小绿甘蓝（来自法语的"Petit vert"，"小小的绿色"之意），等等。甘蓝历史悠久，因此变种也很多，像西蓝花、花椰菜、茎蓝都是甘蓝的变种。

　　希腊罗马时代，大家称甘蓝为"穷人的良药"，可见其营养价值之高。甘蓝富含维生素C和膳食纤维，其中，维生素C多贮藏于菜心附近和外面的叶片中。此外，它还富含易溶于水的维生素U。

春

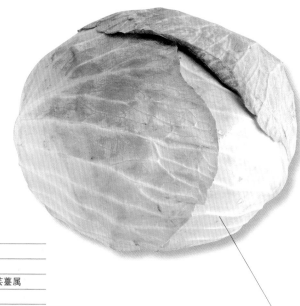

[浅色蔬菜]

[日本名]	甘蓝
[英文名]	cabbage
[科·属]	十字花科　芸薹属
[原产地]	欧洲
[美味时期]	3～5月
[主要营养成分]	维生素C、维生素U、钙、胡萝卜素（外叶绿色部分）
[主要产地]	爱知县/10～次年6月
	群马县/7～9月
	千叶县/10～次年6月
	神奈川县/12～次年5月
	茨城县/全年（除夏季）

Good! 挑选小窍门

◎叶片包裹紧实

◎菜心高度在整棵菜的2/3以下

◎菜根直径26.5毫米左右

切法

讲究口感有讲究口感的切法
讲究外观有讲究外观的切法

甘蓝用作炸猪排和其他油炸食品的配菜时应当切丝。做炒菜、蒸煮食品时应当切成大块，还可以将菜叶切成正方形，如果想显出厚重感可以将甘蓝切成4~6等分的瓣。

<切成瓣>

切成放射状的4~6等分的瓣。适合讲究菜肴外观的西餐厅。这种切法有种厚重感

<切成丝>

需要大量菜丝的话可以先将整棵甘蓝切成4瓣，每瓣儿都横放着切；只需要少量菜丝的话可以拿两三片菜叶叠起来直接切丝

保存方法

密封
保存水分

为防止干燥，可以用报纸或保鲜膜将甘蓝包裹起来放入冰箱冷藏层。如果是已经切过的甘蓝，其切面会变质、发黑，下一次使用时要先把变质的切面部分切掉。从菜心处下刀可防止切面皱起。

事前准备·烹饪要点

根据菜肴类别分开
利用内侧和外侧的菜叶

甘蓝内侧的菜叶柔嫩、甘甜，适合生食，或者加热提高甜味。外侧的菜叶较硬，但是色泽鲜绿，适合煮食。根据内外部菜叶的特点选择合适的料理方法才能把甘蓝做出最棒的味道。

从菜根处下刀，之后将菜叶摘下，菜心可切"V"形或者削平后料理，也可切成薄片。

❶

从菜根处下刀，将菜叶摘下

①从菜根处下刀，用手将菜叶剥下；
②不好剥的话就打开自来水，以流动水边冲刷边剥

❷

可以横切

甘蓝的菜心坚硬，跟菜叶的口感截然不同，可以切"V"形将菜心取出，当然也可以横着切

❸

春甘蓝建议手撕

春甘蓝菜叶柔嫩，口感好，建议手撕，会比用菜刀更有味道

看看菜心大小吧

叶片一层层的很紧实、绵密、均匀，自然蓬起。相同大小下更重的那棵水分更多，菜叶也会更加柔嫩。菜根直径在26.5毫米左右为佳，菜根过大说明菜老了，叶片会比较硬。而且将相同大小的甘蓝的水分都去除的话，原先水分多的那棵会更轻。

水分多的甘蓝外边的菜叶变色后其口味也不会变。

<整体>

相同大小选择较重的那棵。轻的那棵说明已经老了，叶片变硬了

<卷儿>

卷曲的叶片紧实、绵密、均匀地包裹在一起为佳。菜心高度也有讲究

<菜茎>

菜根直径在26.5毫米左右为佳，菜根过大说明菜老了，菜叶会比较硬

甘蓝的品种多样性

春

① 春甘蓝

【上市时期】 2~5月

【特征】

叶片包裹得不紧实，春甘蓝整体都是绿色。菜叶柔嫩有甜味，水分高，推荐生食。冬甘蓝要选叶片包裹得紧实的，越重越好，但春甘蓝就要挑菜叶柔嫩，比目测还轻的

【美味食法】

水分高，推荐生食。简单切一切，蘸味噌酱或蛋黄酱也不错

② 糖果包菜

【上市时期】 11~次年2月中旬

【特征】

静冈县浜松市特产。是种植在做过专门土壤分析的田地里、用充足的有机肥料栽培出的稀有种类。生食口感很脆，就连菜心也很甜。加热后甜度升级

【美味食法】

生食、做沙拉，加热后甜度升级，所以可以焯一下，做卷（一种日式料理），也可做汤、用黄油煎等

③ 小绿甘蓝

【上市时期】 12~次年3月中旬

【特征】

非结球芽甘蓝。是芽甘蓝与青汁的原料羽衣甘蓝杂交的产物，外形像绿色的蔷薇。易熟，微甜，外叶比芽的营养价值更高，富含钙和胡萝卜素

【美味食法】

做沙拉、芝麻拌菜，也可炒、煮。做成调味汁口感绵密，用在和食、西餐、中餐里都很合适

④

芽甘蓝

【上市时期】 11~次年2月

【特征】

比利时开发出的一种甘蓝。直径2~3厘米。因在粗壮、直立的茎上能结出50~60个小叶球，所以又叫"抱子甘蓝"。比普通甘蓝更软、更甜，但带有些微苦味。维生素C含量是普通甘蓝的4倍

【美味食法】

可以整个放入焖菜或蔬菜牛肉浓汤等料理中，也可以切成两半用一点油煎一下做肉菜或鱼菜的配菜

紫甘蓝

【上市时期】 7~8月

【特征】

16世纪法国改良的品种，明治时代后期传入日本。菜叶表面是紫色，叶肉是白色。比绿色甘蓝个头小，叶片包裹得更硬实，菜叶较厚。富含维生素C，煮制会造成色素流失，故建议生食

【美味食法】

做沙拉，做肉菜的配菜；遇酸则变色且色泽艳丽，可以做腌泡菜肴

⑥

萨瓦卷心菜

【上市时期】 冬

【特征】

法国萨瓦地区开发的品种。菜叶皱缩，故而也叫"皱缩卷心菜"。有甜味，口感好，因其皱缩的特点弹性也好。菜叶较硬实，故推荐炖煮

【美味食法】

炖煮可突出其甘甜，还可使菜叶柔嫩，可以做卷心菜卷；此外，还可以放到番茄肉汤或清炖肉汤里

荷兰豆

有助于美容
富含维生素的黄绿色蔬菜

　　荷兰豆自希腊时代起即有种植，古埃及的图坦卡蒙国王的陵墓中就发掘出了荷兰豆。据说日本的荷兰豆是遣唐使带回来的，不过荷兰豆在日本的普及是从明治时代开始的。

　　现在市场上出售的荷兰豆品种有食用嫩豆荚的荚豌豆（嫩豌豆），有按扣豌豆，还有颜色深、食用未成熟的果实的青豌豆等。荚豌豆的荚摩擦时发出的声音跟衣物摩擦的声音很像。青豌豆是春季至初夏时令上市的品种，应季的青豌豆非常美味。

　　荚豌豆中具有美肤、美白功效的维生素C的含量是番茄的3倍，它还富含胡萝卜素，有助提升免疫力。除此之外，它还含有大受女性喜爱的膳食纤维。青豌豆也有很高的营养价值，它含有维生素B群和维生素C等营养，不过因为碳水化合物含量高，所以相较于荚豌豆它的卡路里要高些。

春

[黄绿色蔬菜]

[日本名] 荚豌豆	**[主要产地]** 鹿儿岛县（12~次年2月下旬）	**Good!** 挑选小窍门
[英文名] field peas		
[科·属] 豆科 豌豆属	爱知县（10~次年5月）	◎豆荚光滑润泽而紧致
[原产地] 中亚、中东	熊本县（11~次年6月）	◎豆荚两端处的须为白
[美味时期] 2~5月	福岛县（5月下旬~7月上旬）	色、紧绷
[主要营养成分] 胡萝卜素、维生素C、维生素B$_1$、蛋白质	长崎县（温室：10~次年5月；露地：10~次年1月）	

切法

春天的色彩中
不可缺少的存在

荷兰豆切丝可做装饰，斜切可做炒菜，最近有一种配菜方法是将豆荚打开，按扣豌豆也常这样做。

<斜切>

斜着切。可以煮食，也可清炒

<切丝>

将煮好的荷兰豆斜着切成细丝。可用于装饰菜肴，也可用作拌菜

保存方法

焯一下
可保存风味

荷兰豆长时间接触空气容易萎缩，所以生荷兰豆应当用保鲜袋装着放入冰箱冷藏室。一般豆类蔬菜为了防止变得不新鲜，会用盐水焯一下，这样风味即可保存。可以冷冻保存。

事前准备·烹饪要点

磨刀不误砍柴工

在做菜之前先将荷兰豆过一道冷水，水分充足的荷兰豆会更加新鲜，还可以提升口感。煮的时间不必长，下锅后迅速捞起放在通风处自然冷却。也可以过冰水，迅速捞起。

若追求口感一般会将荷兰豆的筋去掉，不过最近大家都不讲究这一点了，不拔掉也没关系。如果要拔除筋的话，注意别让豆荚松散了。

❶
自然去蒂

将蒂部折下，顺着把旁边的筋扯下。如果另一边的筋也要扯掉的话，最好保留荷兰豆的顶端，不然豆荚容易松散。觉得麻烦的话不拔掉也没关系

❷
煮好后放置于通风处自然冷却

将煮好的荷兰豆放置于通风处即可迅速冷却。当然也可以过一道冷水快速冷却。①烹饪前过一道冷水，口感鲜嫩爽口；②焯一下的话，可以先在沸水中加点盐再放入荷兰豆，这样就可以保持新鲜的色泽

1

2

看豆荚是否
光滑润泽紧致

整个豆荚都是鲜艳的黄绿色，豆荚两端的须是白色且紧绷的。折的时候有清脆的声响，断口处有水分流出则为佳品。豆荚泛白、须为茶褐色则说明已经不新鲜了，这时的荷兰豆已经干了。新鲜不新鲜就要看豆荚是否光滑润泽且紧致。

如果荷兰豆已经蔫了，说明采摘后过了很久。另外，豆子过大说明品种老了，这种荷兰豆是不好吃的。

<整体>

整体呈鲜艳的黄绿色。不泛白、不干、不蔫

<菜茎>

豆荚光滑润泽。豆子小。不要选两端呈茶褐色的

鸭儿芹

沐浴着阳光生长的带根鸭儿芹系
鸭儿芹富含维生素

春

鸭儿芹（青鸭儿芹）原产自日本，是长在山里的蔬菜，自古就承担着宣告春天到来的任务，是日本人的老朋友。鸭儿芹又名三叶，因为一根茎上有3片叶子，由此而得名。

现在一般市面上销售的鸭儿芹有3种。第一种是最接近野生种的带根鸭儿芹，从播种到收割前都种植在田地里。第二种是切三叶，先在田里种植，等根株长成后就移植到温室大棚里以使茎避免日照，成熟后将根切掉就可以上市销售了。第三种是在玻璃温室或塑料大棚等阳光可照射的室内水耕栽培的糸三叶（译者注：日本市场上销售的品种）。带根鸭儿芹和切三叶常见于关东地区，糸三叶常见于关西地区。

相较其他蔬菜，鸭儿芹加热和水洗所需时间都比较短，所以它维生素营养的流失也较少。

糸三叶和带根鸭儿芹是在阳光照射下生长的，所以营养价值比切三叶高，更富含胡萝卜素等多种维生素。其独特的香味对缓解疲劳和失眠均有效果。

[黄绿色蔬菜]

[日本名]	三叶
[英文名]	japanese honewott, mitsuba
[科·属]	伞形科 鸭儿芹属
[原产地]	日本
[美味时期]	2~3月
[主要营养成分]	胡萝卜素、钾、维生素C、铁
[主要产地]	千叶县（全年）
	爱知县（全年）
	茨城县（12~次年3月。温室可全年）
	大分县（3~5月）
	静冈县（11~次年3月）

Good! 挑选小窍门

◎菜叶不蔫，菜叶表面呈鲜艳绿色

◎根茎结实有活力

切法

用快刀
麻利切

鸭儿芹有两种切法，一种是切得较大份，可以用作面食、盖浇饭、茶泡饭的装饰；一种是切末，可以跟纳豆等食物拌着吃。鸭儿芹的纤维容易流失，如果用不够锋利的菜刀，创面大，不仅会损失营养，还影响口感。

<切大份>

基本切法，切成差不多大小。可以做菜肴的装饰

<切末>

切成末，鸭儿芹的香味就会散发开来。可以放在橙汁、火锅等料理里提味

保存方法

给予根部
充足水分

为防止干燥，建议给根部补充水分，并用湿的报纸或纸巾包住根部再放入冰箱冷藏层。为防止低温，最好将鸭儿芹全身包上报纸。也可以焯一道再冷冻起来，不过这种保存方法有损口感。

事前准备·烹饪要点

烹饪前补充水分
焯时可整根放入

鸭儿芹不耐干燥，容易蔫巴，所以在烹饪前最好将根部浸入水中，或者用湿的纸巾将根部包住让鸭儿芹能吸收水分，这样口感就会好。焯鸭儿芹的时候，如果把它切短，煮的时候会散，之后不好打理，所以直接整根蜷着放锅里焯即可。焯好后过一道冷水可以保持其鲜绿的颜色。

整根焯好的鸭儿芹的茎可以用作茶巾寿司的封口绳儿，当然还有很多用法可以为餐桌添色。

1

焯好后可冷冻

将根部切除后的整根鸭儿芹放入沸水中，用筷子将鸭儿芹拨成半圆，焯好后过冷水。可以用保鲜膜包好后冷冻，这样每次随需取用很方便

2

补充水分提升口感

切菜之前将鸭儿芹根部浸入水中可以恢复点生气，这样生食时口感会很清脆。有条件最好让鸭儿芹保持竖立的姿态吸水，就跟种植的时候一样

挑选要点

黄色、褐色的菜叶
说明已经变坏了

菜叶不蔫，菜叶表面呈鲜艳绿色，茎细且白，水分充足，叶脉不是茶褐色也没有变色者为佳。菜身绿色和白色交界分明，香味浓郁者为好。不要选择根茎呈半透明、已经腐烂的，菜叶发黄说明已经不新鲜，也不要选已经枯萎了的。

<叶>

菜叶不蔫，菜叶表面呈鲜艳绿色，不呈半透明状

<菜叶背面>

菜叶背面的叶脉清楚，没有茶褐色，是纯绿色

<茎>

根茎结实，富有生命力。不枯萎，不呈半透明，不发黄

芹菜

其独特的芳香有助缓解压力、放松心情

　　16世纪时，意大利开始栽培芹菜，17世纪法国将它搬上餐桌。最早传到日本的是16世纪末由加藤清正带回来的中国种苗。之后，江户时代，荷兰船带着西洋种苗从长崎进入日本，所以芹菜又被称作"荷兰三叶"。还有一种说法是青芹是驻日盟军总司令带到日本的，在第二次世界大战后普及起来。起初主流是黄色种芹菜，但日本人不喜欢它浓郁的香味，所以并不是很受欢迎。而淡绿色、菜叶厚、没有菜"腥"的康奈尔种芹菜被引进后，日本人比较能接受，就在日本开始种植了。

　　现在日本人吃的芹菜中90%都是康奈尔种的。

　　从古希腊时代起大家就知道，构成芹菜浓郁香味的成分——芹菜苷等对于缓解压力、放松心情有一定效果。

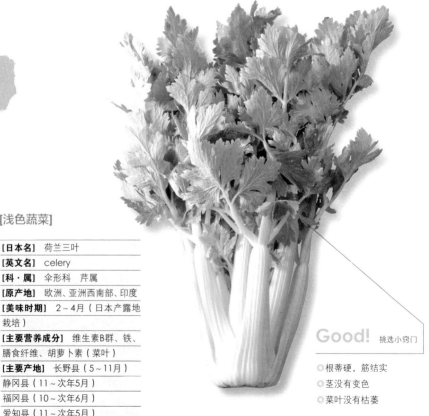

春

[浅色蔬菜]

[日本名]	荷兰三叶
[英文名]	celery
[科·属]	伞形科　芹属
[原产地]	欧洲、亚洲西南部、印度
[美味时期]	2～4月（日本产露地栽培）
[主要营养成分]	维生素B群、铁、膳食纤维、胡萝卜素（菜叶）
[主要产地]	长野县（5～11月）
静冈县（11～次年5月）	
福冈县（10～次年6月）	
爱知县（11～次年5月）	
香川县（11～次年6月）	

Good! 挑选小窍门

◎根蒂硬，筋结实

◎茎没有变色

◎菜叶没有枯萎

芹　菜　小　知　识

切法

是否要顺着纤维方向？做什么菜？不同情况切法可是不同的

将芹菜横向切成圆筒状的横切法，保持适度口感的斜切法，顺着纤维的长条形切法，在长条形切法的基础上切得更细的切细丝法，适合长时间加热的切大块法，还有用来做沙拉的切成细长棒状的切法。

<横切法>

顺着纤维的切法，这种切法下的芹菜口感清脆，适合做沙拉和凉拌菜

<斜切法>

逆着纤维的切法。因为切面较大，为防营养流失最好迅速烹饪

保存方法

茎、叶必须分开存放

菜叶会吸收根的营养，所以茎、叶必须分开存放。为了防止干燥和寒冷，需要将茎的断面润湿，用保鲜袋包好再放入冰箱冷藏室。

<茎、叶分开存放>

将菜叶择干净，将茎的断面润湿后放入冰箱

事前准备·烹饪要点

边角料可用作香料

吃芹菜，最重要的就是口感。芹菜很容易失去水分，所以在做菜前需要将其茎叶在水里浸一下，这样口感会清脆。不喜欢吃筋的话可以拿菜刀从顶部一条条剥除，也可以用削皮器。菜叶切碎后芹菜独特的芳香就会散发出来，用作炒菜、汤里的作料非常合适。

多余的茎叶可以切碎后放到茶包里做香料束，用在西式焖菜里提味。芹菜全身是宝，可别浪费了哟。

❶

将筋一根根剥除

用菜刀从顶部将筋一条条剥除，也可以用削皮器，比较方便

❷

浸过冷水更爽口

将芹菜的茎叶浸在冷水中一小会儿，芹菜吸收了充足的水分，吃起来就会鲜嫩爽口。生食切不可略过这一步噢

❸

用茶包做简易香料束

做完菜后可以将多余的芹菜茎叶放到茶包里做成简易香料束，用在别的菜中提味

挑选要点

见色泽知口感

茎硬、厚实有张力。筋条条分明，菜叶没有苦味，茎没有变色则为佳。

栽培芹菜株型高大，取避免日晒的白叶和茎销售。因此洁白的芹菜是兼具甘甜与柔嫩的。切芹菜后水分会从其切口处流失，茎部的凹坑会扩张，吃起来会感觉里面是空的。

<叶>

选择菜叶水灵的。最好没枯萎也没变色

<根蒂>

根蒂处紧实有厚度，筋条条分明

<断口>

断口处出现白色斑点则已经不够新鲜，水分也少了，吃起来会感觉里面是空的

蚕豆

豆荚将营养与美味牢牢锁住的珍品蔬菜

　　埃及金字塔和特洛伊遗址都发掘出过蚕豆的化石，可以说蚕豆应该是世界上较古老的农作物之一。因豆荚朝上结果，在日本被叫作"空豆"，又因其内部像茧一样，所以又被叫作"蚕豆"，日语中这两种写法的读音是一样的。

　　蚕豆的特征是微甜，口感柔嫩。现在主流的蚕豆是大粒的一寸蚕豆。品质好的蚕豆每瓣豆荚中都有3颗大小一致的籽粒均匀分布，茎绿色的比较新鲜。

　　蚕豆主要的营养成分是蛋白质和碳水化合物，除此之外，维生素B$_1$、B$_2$、C，还有铜、钾等矿物质含量也很丰富。蚕豆的皮利尿，对消肿也有好处。有一种说法是"蚕豆在采收后的三天内是最好吃的"，所以其新鲜度很重要。豆荚营养价值和味道均不尽如人意，所以做菜前要先把豆荚给剥开。

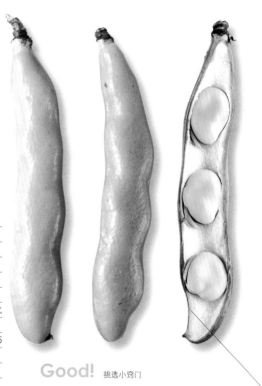

春

[豆类]

[日本名]	空豆、蚕豆
[英文名]	broad bean
[科·属]	豆科 野豌豆属
[原产地]	北非至里海沿岸
[美味时期]	3～4月
[主要营养成分]	蛋白质、碳水化合物、胡萝卜素、膳食纤维
[主要产地]	鹿儿岛县（12～次年5月上旬）
	千叶县（5～6月）
	茨城县（5～6月）
	爱媛县（4～5月）
	宫崎县（4月下旬～6月上旬）

Good! 挑选小窍门

◎豆荚表皮覆有茸毛，鼓起得很均匀

◎有光泽，籽粒大小匀称

切法

根据用途和喜好决定切法

用在意大利肉汁烩饭、意大利面中或者炸什锦（天妇罗的一种）的话就将蚕豆对半切；要用作沙司或者做配菜的话就将蚕豆切成碎末；要用在汤里的话就将蚕豆磨碎拌匀成糊。为了不同的用途和不同的口感，就要选择相应的料理方法。

<对半切>

从黑线处将豆皮剥去后，把豆子切成两半

<碾糊>

将剥好皮的豆子放入自动食品加工机或者研钵中捣碎，拌匀至糊状

保存方法

最好在第二天之前吃掉

将蚕豆放至保鲜袋里，放到冰箱冷藏室保存，但最好尽快食用完。时间越长蚕豆越不新鲜，豆荚和豆子都会发黑，尽量在购买的第二天之前处理掉。豆子煮熟后可冷藏保存1～2天。

事前准备·烹饪要点

煮蚕豆时多利用沸水余温煮硬点儿为好

做菜时为了不伤到里面的豆子，建议用手剥开豆荚取出豆子。先在豆子上划一刀，煮起来会更入味，皮也更好剥下。煮蚕豆时要在足够的热水中加入盐和酒，不必煮很长时间，一会儿就好。

烤蚕豆的话不需要剥开豆荚，直接整个放在烤架上烘烤即可。

❶

剥豆皮时从黑色的线性种脐入手

煮豆子之前先用手将豆荚剥去取出豆子。①在豆子下部划一刀，在沸水中加入盐和酒来煮豆子；②从煮好的豆子的黑色线性种脐处起将豆皮剥掉；③用菜刀切"V"形将豆芽切掉

❷

烤至豆荚变黑

将蚕豆整个烘烤，这样被豆荚包裹着的豆子就形成蒸烤的状态，其风味也能保留下来。如果事前把豆荚侧面的筋给剥了，留下开口的话，虽然方便之后将豆子取出，但内部的热量容易散失，难以形成蒸烤的状态，所以不建议这么做

匀称饱满者为佳

新鲜的蚕豆豆荚表皮覆有茸毛，且富有光泽。变质的蚕豆躯干部分的毛会失去光泽，变得暗淡。豆荚饱满得很匀称，看得出来里面豆子大小一致则说明这个蚕豆长得很好。挑选时务必选择筋绿且豆荚顶部不发黑的蚕豆。

此外还可以用手指感受，指尖触摸豆子可以感受到豆荚是否水分充足，是否还新鲜。

<豆>

这条黑色的线叫作"黑色的线性种脐"，它表明蚕豆正在失去鲜度

<整体>

豆荚表皮覆有茸毛，富有光泽。豆子大小一致，匀称饱满

<豆荚脊>

豆荚脊处的筋绿色为好。豆荚采收后时间越长，它就会渐渐不新鲜，这根筋就会慢慢呈褐色

油菜花

花蕾的营养、茎的甘甜
活用应季的特点

　　日语中的油菜花是十字花科、开黄色花、花蕾供食用的这类蔬菜的总称。它也包括小松菜、水菜、白菜、青梗菜等十字花科、花蕾可供食用的蔬菜。市面上一般流通的是将用于插花的观赏用蔬菜的花进行品种改良后的产物。油菜花一般在其开花前，花蕾还附着在茎叶上时收割，捆扎好即可上市销售。虽然油菜花全年均有销售，但它其实是早春时令的蔬菜。

　　油菜花成熟后就是做菜籽油的原料，世界各地均有种植，但现在日本的油菜花田种植的基本上都是观赏用和食用的油菜花。油菜花松软的花蕾中富有为生长而储存着的营养。它兼具独特的微苦和香味，而甘甜浓缩在其茎的部位。

　　油菜花富含胡萝卜素和维生素C，具有抗氧化作用，还含有丰富的膳食纤维。其维生素C的含量约是菠菜的4倍，属于含量较多的蔬菜之一。此外，油菜花的钾含量与长蒴黄麻相当，钙含量与小松菜相当。

春

[黄绿色蔬菜]

[日本名]	花菜、油菜、菜种
[英文名]	rape blossoms
[科·属]	十字花科　芸薹属
[原产地]	地中海沿岸、欧洲、中亚
[美味时期]	3～4月
[主要营养成分]	胡萝卜素、维生素C、铁、叶酸
[主要产地]	三重县（9月下旬～次年3月上旬，2月上旬为最盛期）
	福冈县（10～次年3月下旬，2月为最盛期）
	新潟县（2～3月）
	群马县（佐野油菜/宫内菜：2月下旬～5月中下旬）
	栃木县（4月）

Good! 挑选小窍门

◎花蕾小且紧闭

◎茎部切口水润

油 菜 花 小 知 识

切法

一般切成大块
切细则香味四溢

一般的切法是切成大块，还可以将比较粗的茎竖着对半切，除此之外还有切成碎末的切法，这样其风味和芳香就出来了。切碎末的油菜花可以用在汤菜等菜肴中做佐料以提味。

＜切成大块＞

用菜刀将油菜花等分切成大块。要注意花蕾切得太细小则容易散

＜竖着对半切＞

从粗的茎中间竖着下刀，对半切有利于受热均匀

保存方法

为防止开花
需要焯一道

为了防止油菜花变得不新鲜，比如开花，买了油菜花后应当焯一道。之后将油菜花上的水分拧干，用保鲜膜包好放在冰箱里可以保存2～3天。只需要保存1～2天的话可以放到保鲜袋中或者用报纸包住，竖着放入冰箱冷藏室保存。

事前准备·烹饪要点

焯一道既不失风味
又可去涩味

油菜花和青菜一样有很强的涩味，在做菜之前大家一般会先焯一下。为了提亮油菜花新鲜的色泽并提甘味，可以在沸水中放点盐。油菜花焯过后可冷冻保存。

不过，如果是做烧烤、炒菜、炒煮、天妇罗等这种很能发挥其口感的料理，就不需要焯一道，直接拿来做菜即可。这种情况下如果油菜花还有剩下的，就不建议冷冻保存了，因为生的油菜花冷冻是会破坏纤维组织，影响其风味口感的。

①
尽快捞出

①在沸水中加入盐后放入油菜花焯制，待其色泽提亮后迅速捞出；②用大碗装满足够的水将焯好的油菜花放入，再以流动水冲洗迅速降温，这样其鲜艳的色泽就能保持

②
需保存则先焯一道再冷冻

油菜花很容易就会变得不新鲜，所以买了油菜花后应当焯一道再放入冰箱冷冻保存，而不是放入冷藏室中。考虑到之后做菜会把油菜花再度加热，所以焯这一道时间要短，让油菜花还跟生的时候差不多硬硬的，接着拿保鲜膜包好后放入冰箱冷冻。这样很方便以后做汤菜等菜肴

挑选要点

选择花蕾紧闭着
的油菜花

虽然油菜花会开黄色的花，但那个花味道苦，所以一般在花蕾还小小的时候就会采收供食用。花蕾紧闭且大小匀称的油菜花就是比较好的。

新鲜的油菜花的切口很少有半透明的空洞，但随着它渐渐地不新鲜，空洞就会变白、变大，这是因为油菜花要开花而将水分都吸走了。茎里面的空洞越多，它内部就越是空空的，口感也不好，所以一定要选择不空、新鲜的油菜花，而且买回家后要尽快烹饪食用。

＜花蕾＞

选择花蕾小且紧闭，大小匀称的。开了黄色的花则会越来越不新鲜。花是苦的，所以吃的时候最好把花丢掉

＜切口＞

选择茎的切口处水润的。茎部的空洞越多油菜花就越干，里面都是空空的，所以茎部不空、紧实的油菜花是佳品

款冬

独特的微苦
提醒你春天的到来

款冬是少数日本原产的蔬菜之一，但直到10世纪日本才开始将款冬作为蔬菜进行种植。直到今天，从北海道到冲绳，野生的款冬都还在野山中繁殖生长。

款冬的产地有自江户时代起就盛行种植款冬的爱知县，还有种植野生种——秋田款冬的北海道至东北地区，秋田款冬的叶直径可达1米，高可达2米，是大型种。秋田款冬肉质较硬，一般不会作为蔬菜销售，主要用于佃煮（以酱油、料酒、糖将鱼虾贝类、海藻等煮成的味道浓重的一道海鲜食品）和蜜饯中。

款冬里95%都是水分，营养价值不高，不过它口感清脆爽口，些许苦味也算别有风味。而且款冬独特的苦味能够缓解喉咙炎症，对养胃也有效果。在款冬开花前，从根茎长出来的东西叫作款冬花茎，可以做凉拌菜。款冬含有胡萝卜素和维生素B群。

春

[山野菜]

[日本名]	蕗
[英文名]	butterbur
[科·属]	菊科 款冬属
[原产地]	日本
[美味时期]	3~4月
[主要营养成分]	维生素C、钾、钙、膳食纤维
[主要产地]	爱知县（10~次年5月）群马县（温室：3月下旬~5月上旬；露地：5~6月下旬）大阪府（10~次年7月，3~5月为最盛期）德岛县（11~次年7月）福冈县（3~5月）

Good! 挑选小窍门

◎叶柄呈鲜明的淡绿色

◎整体没什么褐色的地方

◎茎结实、水灵

切法

要不要纤维的口感
菜刀说了算

横切圆片法是将茎切成圆筒状片，这种切法是没有纤维的口感的。斜切法是斜着将纤维切断的切法。切大块法是将款冬切成4厘米左右长的圆柱体，这种切法适合做煮菜、炒菜和腌菜。

<横切圆片法>

将茎切成圆筒状片，这种切法是吃不出纤维的感觉的。小小圆圆的，吃起来很有意思

<斜切法>

斜着切茎的方法。这种方法切断了纤维，吃起来也很容易，口感好

保存方法

浸在水中
冷藏保存

款冬容易不新鲜，所以要将茎叶分开，煮过后将皮剥掉，浸在盛有水的密闭容器中，放在冰箱里保存。

<将茎叶切开>

买了款冬后应迅速处理，用菜刀将茎叶切开，分别保存。菜叶也是能好好利用的哟

事前准备·烹饪要点

煮过后就能
将筋完美剥除

在烹饪款冬之前，一般都要先煮一下。处理款冬的时候首先要将茎叶分开。为了保持其鲜艳的色泽，要用较多的盐撒在茎上，放在菜板上揉搓，这样它的绿色会更加鲜艳。接着锅里放足够的水，煮大约5分钟。煮软后就可以将款冬过流水冷却。

在煮过后，款冬的涩味就没有了，纤维也变软了，这时它的筋就很容易剥下，可以使用菜刀。将款冬叶子切成合适的大小块，之后浸泡在冷水中。当然其他的做法还有炒饭、做甜咸煮等。

撒盐后放在菜板上揉搓
使绿色更鲜艳

将切至合适大小的款冬放在砧板上，撒上大量的盐，两手按着款冬揉搓。之后将茎大火煮大约5分钟，它的绿色就会更加鲜艳。煮软后就可以将款冬过流水冷却

煮过后将筋剥下

用菜刀将煮后的款冬的筋一根根剥除。虽然生款冬也能这么做，但煮软后会比较容易。筋剥完后浸在冷水里，放入冰箱保存

看看茎是否
结实、质硬

叶柄呈鲜明的淡绿色者为佳。好的款冬整体没有什么褐色的地方，切面也不是半透明的。要选择叶子没有枯萎、不软的。茎硬实的款冬比较新鲜。新叶伸展，直径在1.5~2厘米为宜。

不新鲜的款冬茎的切面会有很多空洞，就像海绵一样，要避免选择这种。

<茎>

选择茎硬实的，筋没有什么褐色的款冬

<叶>

菜叶呈鲜明的淡绿色，不软也不枯

<切口>

切口水灵，没有褐色。切口处的空洞越大说明越不新鲜，口感越差

竹笋

鲜度就是生命
享用竹笋的嫩与香

春

竹笋的原产地是中国，不过日本人民也很早就熟悉这个蔬菜。早在《古事记》中就有对竹笋的记载，江户时代起竹笋在日本被广为食用。我们食用的是春天竹子的地下茎长出土地部分的嫩芽。因为大部分是毛竹，所以我们一般提到竹笋都是指毛竹的竹笋。毛竹涩味少，肉质厚而嫩。其他还有刚竹、淡竹、箸竹等。

嫩芽刚冒出点儿尖的时候竹笋的嫩度和香味都还不是很理想，而且有涩味，所以最好等嫩芽完全冒出来后再收割。有句话说"早上挖的竹笋当天吃"，说明竹笋的鲜度很重要。

竹笋断面处有白色粉末，它含有酪氨酸，是构成蛋白质的芳香族氨基酸之一，这种成分因为能够促进脑部活动，在近年备受重视。竹笋还含有丰富的膳食纤维，还有构成其甘甜的成分天冬氨酸和谷氨酸等。

[浅色蔬菜]

[日本名]	笋、竹之子
[英文名]	bamboo shoot
[科·属]	禾本科　刚竹属（毛竹）
[原产地]	西南亚、印度
[美味时期]	4～5月
[主要营养成分]	蛋白质、钾、维生素B群、膳食纤维
[主要产地]	福冈县（2～3月下旬）
	京都府（3～5月）
	熊本县（12月上旬～次年5月上旬）
	德岛县（12月上旬～次年4月上旬）
	岛根县（3月下旬～4月）

Good! 挑选小窍门

◎笋尖呈浅绿色
◎笋肉没有变绿
◎竹笋断面水灵

竹 笋 小 知 识

切法

是否顺着纤维方向切
会产生不同的口感

切成圆片、切成半月形、切成1/4圆片属于切断竹笋纤维的切法，这种切法吃起来比较容易，适用于大部分做法。此外还有口感独特的切丝法，将笋尖竖着十字切四份的切法，适合做烩饭、炒煮的切薄片法。

<切成圆片、切成半月形、切成1/4圆片>

笋根附近纤维组织多，所以可以用以上方法将纤维组织切断

<切丝>

要发挥出竹笋的口感，推荐顺着纤维切成丝

保存方法

煮后
浸在水中保存

竹笋越不新鲜就会越苦，所以买了竹笋后要尽快煮了。煮好后将竹笋浸在冷水中放入冰箱保存。煮过的竹笋依然会产生苦涩味，所以要勤换水，并且在4～5天内食用完毕。

事前准备·烹饪要点

为保持新鲜
务必尽快煮

竹笋是在竹林中采收的食材，不能生食，保持其鲜度的秘诀就在于购买后务必尽快将竹笋煮了。这时要用足够多的水，煮好后静置冷却，待冷却后将笋壳剥下。笋壳不丢掉留作他用也是可以的。

煮好后的竹笋可以分为质嫩的笋尖、笋尖下面的笋体和纤维组织多的笋根3部分。

❶

竹笋煮过后依然有涩味
因此要浸泡在水中

①斜着将竹笋顶部切掉，并竖着在笋体上切一刀，准备足够的淘米水（或者放了糠的水），放一点朝天椒，煮大约1小时；②静置待冷却，冷却后将笋壳剥下；③将煮好的竹笋浸泡在凉水中保存

❷

每个部位角色不同

竹笋有3部分。小心地将竹笋顶端的软皮剥下，细切后可以做凉拌菜或者熬汤。中间的笋体可以煮、炒、炸。笋根适合熬煮

挑选要点

仔细看看
笋尖的颜色

竹笋采收后时间久了笋尖就会变绿。一般竹笋都是在嫩芽整个差不多都冒出来之后采收的，其笋尖应当呈黄色至浅绿色。也就是说笋肉变绿就说明竹笋已经不新鲜了。时间越久，其水分流失得就越多，笋肉就越硬，苦涩味越重，所以买了竹笋务必尽快处理。

相同大小的竹笋中重的那个水分多，身上带的泥是湿的则说明很新鲜。

<整体>

笋壳颜色深、有光泽，没有变绿。顶部越绿则越涩

<笋尖>

笋尖变绿则表示不新鲜了。一定要挑选黄色至浅绿色的

<切面>

切面白色且水润的比较新鲜。竹笋煮好后应浸在水中保存，要勤换水

芦笋

美味营养就选它
绿、白、紫

　　石刁柏的枝叶长出前，它的嫩芽贮藏了丰富的营养，可供食用，这个嫩芽就是芦笋。18世纪80年代，芦笋作为观赏类植物引入日本，直到1871年北海道才开始将芦笋作为蔬菜来种植。

　　市场上销售的芦笋有4种：生长过程见光的"青芦笋"，生长过程以泥土覆盖住避光的"白芦笋"，青芦笋细小的顶端切下来的"小芦笋"和因富含多酚而呈紫色的"紫芦笋"。

　　过去白芦笋是主流，但近年营养价值高、味道好的青芦笋成了主流。青芦笋富含胡萝卜素和维生素C，其笋尖富含一种酸，是氨基酸的一种，有促进能量代谢、缓解疲劳的作用。芦笋还含有可以造血的叶酸，因此很适合贫血的人食用。

　　白芦笋虽然没有青芦笋那么高的营养价值，但其特有的甘甜、微苦的口感让它适合做很多种菜肴，因此在全世界都很常食用。

春

[黄绿色蔬菜]

【日本名】	荷兰独活、松叶独活、荷兰龙须菜
【英文名】	asparagus
【科·属】	百合科　天门冬属
【原产地】	南欧至俄罗斯南部
【美味时期】	4~6月
【主要营养成分】	胡萝卜素、维生素B群、维生素C、维生素E
【主要产地】	北海道（3月中旬~7月上旬）
	长野县（3~9月下旬）
	佐贺县（3~10月下旬）
	长崎县（3~7月）
	秋田县（9~次年2月下旬）

Good! 挑选小窍门

◎笋尖花头密集，蓓蕾紧闭

◎上下粗细均匀

◎秆尾截面水分足

◎鳞片为正三角形

切法

斜切
更入味

芦笋煮好后可以简单切成一截一截的圆柱体，这是切段法，在此基础之上可以切成薄薄的圆片；也可以从顶部起竖着将芦笋切成两半；还可以斜着切，这样切的截面比较大。斜切更入味，所以做菜时常采用这种切法。

<切段法>

煮好后将芦笋切成一截一截的圆柱体，这是最常用的切法，适合做各种菜

<对半竖切法>

从顶部起竖着将芦笋切成两半，这种切法芦笋受热均匀，外形也比较好看

保存方法

避光防干
直立存放

芦笋见光就会有光合作用开始生长，所以存放时应当放在冰箱冷藏室之类的阴暗处。同时应当用湿纸巾包着，这样可以防止干燥。煮后的芦笋可以冷冻。

事前准备·烹饪要点

芦笋容易不新鲜
因此要尽快烹饪

因为芦笋很容易就不新鲜了，所以买了芦笋要尽快煮制。想要芦笋兼具色香味，就要在煮之前将芦笋关节位上的鳞片和根部附近的皮去掉。

准备一锅热水，加盐，煮沸后放芦笋，把根部先放入水中，随后整个浸入。煮一会儿就可以捞起，过冷水，这样芦笋的颜色会更加鲜艳。煮后的芦笋可以冷冻。

①

削去鳞片和根部的皮

①用菜刀将芦笋关节位上的鳞片削去；②根部切掉，根部附近的皮用削皮器削掉

1   **2**

②

先从坚硬的根部煮起

在烧开的水中放入盐，先放入不易熟的芦笋根，之后再整根浸入沸水中。芦笋颜色提亮后即可捞起

③

根部可以直接掰断

坚硬的根部可以不用拿菜刀，直接掰断即可。掰断对芦笋的细胞伤害不大

挑选要点

笋尖花头密集
鳞片正三角形

如果笋尖是弯曲的，就说明它的茎上筋很多，而且不甜，所以一定要选择笋尖笔直伸展的芦笋。握着芦笋茎时能够感觉到弹性，且外皮呈鲜艳的绿色的话，说明是好芦笋。挑选时还应选择芦笋秆形圆且上下粗细均匀，同时要避免秆尾切口处很干、已经呈海绵状的，因为这种芦笋口感已经很不好了。同样长度的芦笋中重的那根比较新鲜。

与其他蔬菜相比芦笋呼吸量大，茎的水分蒸发快，所以非常容易变得不新鲜。因此买了芦笋要尽快食用。

<笋尖花头>

笋尖花头密集，蓓蕾紧闭，这样的芦笋比较新鲜。茎笔直有弹性

<切面>

芦笋水分蒸发得快，所以容易变得不新鲜，因此要选择切面水灵灵、不干燥的芦笋。如果切面已经呈海绵状，这种芦笋口感就很差了

这是一份幸福烹饪法，教你简简单单就能提炼出蔬菜的美味

春季蔬菜烹饪法

番茄配春甘蓝、
蚕豆、竹笋……
应季春季蔬菜的做法
简单就能
发挥出它最原生的美味。

春

烹饪方法

大森千绘美 Chiemi Omori
（P46-50、P82-86、P114-118、P152-156）

蔬果、杂粮专家。开办烹饪教室"空豆食堂"，热衷于开发菜谱。擅长发挥食材原始味道且对身体有利的蔬菜做法。也做旅行和食物相关插画。主要著作：《365天怎么吃都不会胖的自制蛋黄酱菜谱》（泉书房）、《用微波炉做小菜》（Boutique-sha社）等。

甜点制作

堀池美由纪 Miyuki Horiike
（P51、P87、P119、P157）

料理研究专家。毕业于巴黎蓝带厨艺学校。在泰伦斯·科兰家乡的餐厅"奥利"进修后，作为宴会厨师活跃于加利福尼亚·纽约。2003年起在曼哈顿开办烹饪教室"菲果工坊"。2006年回国后在东京都内开办烹饪教室，同时经营出差料理教室"米奇大厨师"（MICKEY COOOKS）。利用丰富的海外经验自由开发新烹饪法。

春季蔬菜和核桃沙拉

赤、黄、绿色彩丰富的春季蔬菜沙拉。
选择自己喜欢的蔬菜。
核桃的口感是点睛之笔。

材料（2人份）

- 番茄……60克
- 芽甘蓝……4个
- 按扣豌豆……8个
- 芦笋……6根
- 油菜花……半把
- 核桃……20克
- 自然盐……适量

A
- 新鲜洋葱切碎……30克
- 橄榄油……2大匙
- 白葡萄酒醋/苹果醋……2大匙
- 蜂蜜……1小匙
- 自然盐……小半匙
- 胡椒……适量

做法

1. 将A部分材料混合拌匀。
2. 用煎锅炒一下核桃。番茄切至适合的大小，芽甘蓝对半切，剥下按扣豌豆的筋，芦笋和油菜花切至3～4厘米的大小。
3. 煮一锅热水，放盐，放芽甘蓝、按扣豌豆、芦笋和油菜花，焯1～2分钟。
4. 将拌好的A部分材料和蔬菜拌在一起，静置30～60分钟待入味。这一步可以放在冰箱里冷却。

焯蔬菜，沸水中放盐可以保持蔬菜的色泽，而且放了盐后盐水的沸点更高，很快就能焯好，减少营养成分的流失。

春

香炒蚕豆

独特的口感与风味让蚕豆备受欢迎，对蚕豆来说鲜度就是一切。
趁新鲜烹饪好的蚕豆，是一盘席间小吃，也是一份下酒菜。

材料（2人份）

- 蚕豆……20粒
- 去骨凤尾鱼……4条
- 橄榄油……1大匙
- 新鲜洋葱……100克
- A — 生姜……2个
- — 大蒜……2个
- 白葡萄酒……50毫升
- 酱油……2小匙
- 胡椒……适量
- 自然盐……适量
- 欧芹……适量

做法

1. 将A部分材料全部切末。拍击凤尾鱼。欧芹切碎。
2. 煮一锅热水，放盐（上述材料中要求准备的盐以外的），焯一下带皮蚕豆，焯好后剥皮。
3. 准备煎锅，低火，用橄榄油煎凤尾鱼。有香味溢出后加入切好的A部分材料和洋葱，继续低火炒至香味出来。
4. 放入处理好的蚕豆迅速炒一下，放白葡萄酒。加入酱油和胡椒。如果觉得味道不够的话可以加点盐。
5. 装盘，撒上切碎的欧芹。

蚕豆豆子一旦离开豆荚接触到空气就会开始变背不新鲜，所以要买带皮的蚕豆。焯之前如果剥皮了的话焯的过程中蚕豆容易塌，蚕豆本身的风味也会流失，因此直接将带皮蚕豆放入加了盐的沸水中焯即可

菜 谱 3

春甘蓝金枪鱼三明治

满满柔嫩的春甘蓝，超级适合出游的三明治。
要点是挤掉春甘蓝中的水分。

材料（2人份）

- 春甘蓝……50克
- 金枪鱼罐头……1罐
- 蛋黄酱……1.5匙
- 自然盐……适量
- 胡椒……适量
- 喜欢的面包……2个
  （根据面包大小确定）

做法

1. 将春甘蓝切丝，撒点盐（上述材料中要求准备的盐以外的）后静置。春甘蓝中的水分出来后用手握着春甘蓝挤干。
2. 去掉金枪鱼罐头中的水分，将金枪鱼、春甘蓝、蛋黄酱、盐、胡椒放一起搅拌均匀。
3. 烤面包，将步骤2中的食材夹在面包中间做成三明治。

春甘蓝直接和蛋黄酱、盐一起搅拌的话，春甘蓝中的水分会被引出，夹到面包里，面包就会吸收水分，口感就不好了，味道也不好吃。所以做这个三明治的要点就是要事先挤出春甘蓝中的水分。

春

菜 谱 4

竹笋什锦饭　油菜花点缀

竹笋是春天的恩赐，把它做成什锦饭享用吧！
这份食谱用的是3分精米，当然也可以用白米。

材料（2人份）

▼▼▼▼▼▼▼▼▼

- 竹笋……120克
- A⎰ 酱油……3大匙
- ⎱ 纯米酒……1大匙
- 油菜花……4根
- 3分精米/白米……2合
  （日本容积单位，1合
  为1升的1/10，约0.18
  千克）
- 油炸豆腐……半块

做法

▼▼▼▼▼▼▼▼▼

1. 切竹笋，将切好的竹笋浸在A部分材料里。
   油菜上撒盐静置。
2. 洗米，米泡在水里静置1小时左右。
3. 用热水去掉油炸豆腐上的油后横着对半切，
   再切成宽1厘米的方块。
4. 将泡好的米甩干水后放入电饭煲，将步骤1
   中做好的佐料汁加水至2合后倒入电饭煲。
   之后将竹笋和油炸豆腐放在饭上开始煮饭。
5. 饭煮好后搅拌均匀盛入碗中，在饭上放上油
   菜花点缀。

事先将竹笋浸泡在佐料汁中再和
饭一起煮可以让佐料汁吸收竹笋
的味道，而竹笋又能吸收酱油的
风味，美味加倍。根据需要，竹
笋可腌渍2小时甚至一晚上

芹菜猕猴桃蓝莓冰沙

每天摄取蔬菜不足的话，
来点儿冰沙，
就能轻松吃到很多啦！

材料（2人份：150毫升 x 2）

- 芹菜……60克
- 猕猴桃……1个
- 蓝莓（冷冻）……50克
- 豆浆……半杯
- 砂糖……1大匙
- 柠檬汁……1小匙

做法

1. 去掉芹菜的筋，切碎。剥掉猕猴桃皮，将猕猴桃切成2厘米左右大小。
2. 搅拌机中按顺序放入冷冻蓝莓、芹菜、猕猴桃，搅拌成泥。再加入豆浆、砂糖、柠檬汁后搅拌至顺滑。
3. 装到玻璃杯中。

蓝莓冷冻后放入搅拌机搅拌成泥，做出来的冰沙就是冰的。蔬果放入搅拌机的顺序是越硬的越早放

番茄蜜饯

一口一个，
中玉番茄蜜饯，
感受水灵灵的番茄吧！

材料（按10个中玉番茄的量来准备）

- 中玉番茄……10个
- 水……2杯
- 冰糖……140克

做法

1. 中玉番茄切十字，在沸水中焯几秒后放在凉水中去皮。
2. 将水、冰糖倒入锅里煮，冰糖溶化后放入中玉番茄低火煮5分钟。关火后静置待冷却后连汁一起盛入碗中，放入冰箱冷藏。

给中玉番茄去皮要注意焯的时间不能长，只需要在沸水中焯几秒就可以放入冷水中轻松去皮，这样口感会很鲜嫩

夏季蔬菜
茄子

鲜艳的紫色素有助于抑制活性氧的活动

　　茄子可以做烧烤、煮菜、田乐（日本酱烤豆腐串）、腌菜等各种菜肴，为餐桌添色。茄子的原产地是印度，8世纪从中国传到日本，种植历史悠久。茄子是夏天的蔬菜，为了在寒冷的季节也能吃到茄子，据说从江户时代起就开始促成栽培。

　　水分就占了茄子成分的93%。茄子虽然不怎么含有维生素、矿物质这些营养成分，但它含有促进肝脏活动的胆碱。茄子表皮的绀紫色被叫作"茄子绀"（绛紫色），表皮中含有的色素成分茄碱是多酚的一种。因为具有抗氧化作用，茄子可以抑制活性氧的活动，还能有效防止动脉硬化及老化。

　　中长茄子最常见，此外还有长达20厘米的长茄、美国品种改良了的美国茄子、水分多味甘的水茄、长达40厘米以上的超长茄子"玛琪阿"等，特征不同的茄子有100种以上。

夏

[浅色蔬菜]

[日本名]	茄子，茄
[英文名]	egg plant
[科·属]	茄科　茄属
[原产地]	印度东部地区
[美味时期]	6~8月
[主要营养成分]	碳水化合物、维生素B₁、维生素C、钾
[主要产地]	高知县/10~次年6月
群马县/全年	
埼玉县/全年	
福岛县/3~11月	
千叶县/6~10月	

Good! 挑选小窍门

◎ 粗细均匀，圆润

◎ 花萼翘起，顶端尖锐

茄 子 小 知 识

| 切法 | 事前准备·烹饪要点 | 挑选要点 |

想要美美地摆盘就要在切法上下功夫

茄子的切法有很多，最常用的是纵切法，这种切法非常好看，是用刀尖纵向切出深深的切口，这样加热后茄子就会很软。

<乱切法>

这种切法留下的切面多，能让茄子较好入味。应用范围广，炒、炸、煮均可

<切尾法>

如图所示，竖着将整只茄子切多刀，不能切到蒂。这种切法可以在茄片中间夹馅料做菜

保存方法

购买后尽早食用

茄子大部分的成分为水，时间越长水分越少，最后会干掉。所以做茄子时最好整根用完。茄子整个保存时用保鲜膜包好放在冰箱中可以保存3～4天。不过要注意不能冻到茄子。

茄肉切开后尽快烹饪别忘了去涩味

茄子切开后需要尽快烹饪，不将茄子浸泡在水里去涩味的话，茄子就容易变色。不急着烹饪的话别忘了先去涩味。

茄子皮较硬，直接烹饪的话很难入味。因此要在茄子上斜着打花刀，这样茄子既能入味，外观又好看。茄子如果切得太小的话会吸很多油，卡路里过高，为了健康最好先将茄子切大块再打花刀。

整体烤焦后剥皮

为了口感就必须把茄子去皮。日式烹饪法是通过烤茄子后去皮，西式是通过炖菜的方式去皮。①把茄子放在网烤架上，烘烤至整体呈均匀的焦黑色；②烤焦后放入冷水中去皮

浸泡在水中去涩味

为了去涩味可以将茄子浸泡在水里或者在茄子上撒盐把水分引出来。茄子切开后很容易变色，所以要尽快泡在水里。①准备一碗水，将茄子放入水中；②用纸巾将茄子上的水分和涩味吸走，这样茄子就干了

选择花萼翘起顶端尖锐的茄子

选茄子最先应当看的部位就是蒂。蒂部花萼翘起，顶端尖锐，切口水润是新鲜的印记。

不管多大的茄子，都是粗细均匀、圆润的比较好。此外，要选择有分量的茄子，注意不要选到空心的。选择表皮深紫色，且富有光泽和弹性的，避开变成褐色的。还要看花萼是不是整个附着在茄子上。

<整体>

粗细均匀，圆润。避开有伤和褶皱，变成褐色的茄子

<蒂>

蒂部花萼紧紧附着，顶端翘起，尖锐到手指碰到会刺痛的就是新鲜的茄子。还要看有没有枯的地方

夏

茄 子 的 品 种 多 样 性

① 千两茄子

【上市时期】 几乎全年。时令为初夏~初秋

【特征】
极早结果实的品种。现在是市场上非常普遍的品种，茄子的代表性品种。椭圆形至长椭圆形，表皮的绀紫色十分显眼。大小顺手，果肉结实，没有褶皱。口感佳，适合所有菜肴

【美味食法】
可以做腌菜、炒菜、油炸、用烤箱烤、烤茄子等各种菜，是西式、日式、中式都能做好的品种

② 圆茄

【上市时期】 几乎全年。时令为初夏~初秋

【特征】
果实大、球形，皮深紫色。大圆茄直径可达10厘米。代表品种有京都的贺茂茄子。肉质紧实，表皮光滑。做菜时非常适合用油，可以炒、炸

【美味食法】
尤其适合做田乐和油炸。当然也可以做西式炒菜，用烤箱烤制，还可以用白汁沙司做奶汁烤干酪烙菜

③ 小茄子

【上市时期】 几乎全年。时令为初夏~初秋

【特征】
果实小，一般重10~20克，球形或卵形。皮深紫色。特征是皮软，籽少。肉质紧实，口感好。本土品种有山形县的"民田茄子"和"出羽小茄子"等

【美味食法】
主要用来做腌菜。其中芥末酱菜（用芥末粉、米曲和小茄子调料腌制）很有名。小茄子个头小，可以整个烹饪，或者对半切也可以

④ 美国茄子

【上市时期】 几乎全年。时令为初夏~初秋

【特征】
这是在美国品种的基础之上改良出来的品种。特征是个头大，蒂部花萼为绿色。肉质紧实，口感软糯。因为不容易煮烂，所以很适合加热烹饪。水分易蒸发，变干，所以保存时应当用保鲜袋密封

【美味食法】
做菜时非常适合用油，可以做田乐、烤、炒、煮，能充分感受到它的美味

红茄

【上市时期】 几乎全年。时令为初夏～初秋

【特征】
这是熊本地区的本土品种。皮红色，故称红茄。
和外皮深紫色的茄子不同，红茄外观好看，口感
柔嫩。特征是肉质柔嫩，籽少。涩味少，尤其适
合做烤茄子

【美味食法】
紫红色的皮非常好看，想要给餐桌添色就可以考
虑做红茄啦！最适合做烤茄子、爆腌茄子（用少
量盐腌）和炒茄子

水茄

【上市时期】 几乎全年。时令为初夏～初秋

【特征】
水茄是大阪、泉州岸和田的特产。代表品种有
"水茄""紫水"等。相较于其他茄子水分相当
多，多到可以挤出水来的程度。不仅茄子本身的
风味足，还很水润，皮和果肉都又软又有甜味

【美味食法】
用来做腌菜是最高级的品质。可以做爆腌茄子，
提出其原本的美味

超长茄子

【上市时期】 几乎全年。时令为初夏～初秋

【特征】
九州特产。代表品种有"博多长""久留米长"
等。长至40～45厘米，是日本最大级别的茄子。
皮硬，但肉软，做菜很容易入味。与做腌菜相
比，更适合做烤茄子和煮菜

【美味食法】
最适合做烤茄子、煮菜、炒菜、田乐。加热后会
变软膨胀，吸收很多汤汁

生菜

配菜必不可少
爽脆口感是亮点

爽脆的口感是生菜的魅力所在，它是做沙拉和肉菜配菜必不可少的一种蔬菜。

据说公元前6世纪，生菜就出现在了波斯国王的餐桌上。世界各地广泛分布的生菜来自分布在从地中海沿岸到西亚的野生种，它们从欧洲蔓延到世界。奈良时代，长茎生菜传至日本，直到20世纪70年代之后生菜才在日本普遍起来。

日本生菜的主流品种是结球的球生菜，此外还有紫叶生菜等不结球的生菜。球生菜直到第二次世界大战后才在日本普遍起来，战前仅仅是在餐馆和酒店会少量使用。这种变化也是随着西餐的普及，大家渐渐接受沙拉的结果。

生菜的主要营养成分有胡萝卜素、维生素C、维生素E、钙等。它还富含促进通便的膳食纤维，有预防贫血功效的铁质，以及改善肌肤粗糙的叶绿素。

夏

[浅色蔬菜]

[日本名]	生菜
[英文名]	Lettuce
[科·属]	菊科　莴苣属
[原产地]	西亚、地中海沿岸
[美味时期]	6～8月
[主要营养成分]	胡萝卜素、维生素C、维生素E、钙、铁
[主要产地]	长野县/5～10月
茨城县/夏天以外的季节：3～5月下旬为最盛期	
兵库县/4～5月、10月下旬～次年3月下旬	
群马县/7～9月	
香川县/10～次年6月	

Good! 挑选小窍门

◎叶卷松，实际重量比目测轻的

◎叶子顶部没有枯萎的

生 菜 小 知 识

切法

生菜不喜金属
需手撕

生菜是很不喜金属的食材，用刀切的话切口会变褐色，味道会变差。所以处理时需要从外侧起手撕。手撕的优点是断面粗糙，沙拉调料容易沾满。

<手撕>

将菜叶一片片撕下后根据需要再撕成合适的大小

<切大片>

像长叶生菜这种纤维比较硬的生菜可以用刀切成大片

保存方法

给予菜心充足水分

用湿的纸巾包住菜心部分，再用保鲜膜或报纸将整体包住后菜朝下放入冰箱保存。外侧的菜叶别扔了，可以用它包裹住剩下的生菜保存，一样能保持其鲜度。

事前准备·烹饪要点

浸泡在水中
享受爽脆的口感吧

球生菜成分中95%以上都是水分，是非常水灵的蔬菜。叶子生吃起来很爽脆，口感清爽，非常适合做沙拉。做沙拉的话要先泡水里，不过之后一定要记得把表面水分擦去，不然就没有那种爽脆的口感了，也不适合拌沙拉酱，所以一定要将水分擦干净。

最近生菜炒饭和用生菜炖汤很受欢迎。生菜热食的话能吃下很多，不过要注意别热太过了。

❶
用手撕

从球生菜外侧起一片一片撕下所需的菜叶，尽量不要破坏纤维组织

❷
去除水分

生吃球生菜时需要将水分去除干净。可以用餐巾纸，也可以用专门的控水工具

❸
加热时注意时间

加热时间过长就不好吃了。为了保证口感和甘甜，最好在烹饪的最后一步下生菜，差不多即可迅速来火

挑选要点

选择比目测
轻的那种

选择整体有张力、水灵，拿着比目测轻的那种球生菜，这是菜叶的卷很松的证明。卷越松，就越说明菜叶应该比较嫩，千万不要选卷得很紧实的那种。

同理，同样大小的球生菜中，应当选择更轻的那个。

<卷>

菜叶卷越松，菜叶就越嫩，苦味就少

<菜叶顶部>

生菜老了，菜叶顶部就会出现萎缩，变色，呈半透明状

<菜心>

确认好重量和菜叶顶部后就看看菜心部位。选择截面水灵灵的那种

生　菜　的

品　种　多　样　性

1

球生菜

【上市时期】 几乎全年，尤其是7～8月

【特征】
其实在日本说到生菜，指的就是球生菜。球生菜直到20世纪60年代起才在日本被广泛食用。球生菜因其水润、爽脆的口感大受欢迎，它还有一个优点是，即使泡过水也几乎不会流失维生素C

【美味食法】
没有什么涩味，推荐生食。当然也可以用在涮锅里或者切碎后撒在炒饭里

2

紫叶生菜

【上市时期】 几乎全年，尤其是7～8月

【特征】
紫叶生菜是不结球生菜中的代表性品种，它的特点是菜叶顶端带有红色而且菜叶皱缩。紫叶生菜的胡萝卜素含量是番茄的4倍

【美味食法】
紫叶生菜很嫩，适合生食。没有涩味，所以适合做沙拉和卷寿司。还可以垫在盘子上装别的菜

3

皱叶生菜

【上市时期】 5月上旬～10月下旬

【特征】
与紫叶生菜一样，皱叶生菜是不结球生菜的一个品种，菜叶大，顶部皱缩，比结球生菜的营养价值更高。生食或做加热料理都可以

【美味食法】
皱叶生菜和紫叶生菜一起放沙拉里颜色会很好看。还可以卷烤肉、拌饭吃，或者切碎后加入汤里

4

褶边生菜

【上市时期】 11～次年5月

【特征】
是不结球生菜的新品种。菜叶松软。特点如其名，菜叶边缘成褶状。肉略厚，口感爽脆。菜心结实

【美味食法】
没有涩味，菜叶柔嫩，主要用于沙拉。还可以做肉菜、鱼菜的配菜，或者垫在盘子上放别的菜

⑤

色拉生菜

【上市时期】 几乎全年

【特征】

叶片不是卷裹，属于结球形生菜。菜叶深绿色，叶厚，口感更软嫩。味微甘。铁质含量仅次于菠菜，还富含维生素和矿物质

【美味食法】

菜叶厚而结实，适合包着其他食物食用或者用来垫其他菜。没有涩味，做什么菜都合适

⑥

长叶莴苣

【上市时期】 几乎全年，7～8月

【特征】

原产于爱琴海科斯岛。是直立生菜的一种，是菜叶长、不卷的结球形生菜。常用于凯撒沙拉中。口感硬而爽脆，味微甘苦

【美味食法】

与香醇的芝士和绿色系配菜搭配相得益彰，适合做凯撒沙拉

⑦

长茎莴苣

【上市时期】 10～12月

【特征】

是茎用生菜的一种，叶面皱缩。长茎莴苣的生长就像树上长叶子一样，所以采收的时候只采收菜叶。卷烤肉一般都是用长茎莴苣。带有独特的微苦

【美味食法】

基本上都是用来卷烤肉等食物，像饭、鱼贝类、泡菜等，还可以手撕后放沙拉里

⑧

苦苣

【上市时期】 12～次年1月

【特征】

日本名"菊苣"，原产于地中海沿岸地区。叶细、皱缩而软，味道清淡。菜叶越绿则越硬且苦。口感爽脆，带有微苦。富含胡萝卜素和铁质

【美味食法】

配合蛋黄酱和有味道的绿色系配菜会很好吃。菜叶较硬、较苦的话可以做汤

⑨

红芽菊苣

【上市时期】 几乎全年

【特征】

日本给红芽菊苣起名"特雷维索"，是意大利的一个地名。红芽菊苣原产于意大利，20世纪80年代引进日本，是较新的品种。口感比生菜更实，又比卷心菜更软。味微苦，加热后更苦，所以适合生食

【美味食法】

可以做沙拉，做肉菜的配菜，配合橄榄油会很好吃

青椒

富含维生素C
卓越的营养价值是卖点

　　青椒是辣椒的一种。在日本，辣椒中不辣的都被叫作"青椒"，而个头大、肉厚的就被叫作"甜椒"。青椒是中南美洲的辣椒被哥伦布引进欧洲后改良出的产品。一般绿色的青椒是没有成熟的，成熟之后会变红，叫作红青椒，其特有的香甜味很浓。

　　青椒富含胡萝卜素、维生素C、维生素E等抗氧化作用强的营养成分，其中维生素C的含量几乎是番茄的4倍。青椒还有很好的抗衰老作用，构成其香味成分的胡椒嗪能够促进血液循环，对于预防脑梗死和心肌梗死有效果。

　　红青椒富含抗氧化作用强的红色素和辣椒素，其维生素C的含量约是绿青椒的2倍，胡萝卜素的含量约为3倍，红青椒更成熟，而且也更甜。此外还有很甜的水果辣椒等品种。

夏

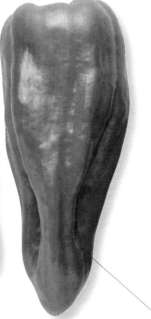

[黄绿色蔬菜]

[日本名]	青椒
[英文名]	sweet pepper
[科·属]	茄科　辣椒属
[原产地]	热带非洲
[美味时期]	6~8月
[主要营养成分]	胡萝卜素、维生素C、维生素E、钾
[主要产地]	茨城县/全年
	宫崎县/全年
	高知县/全年
	鹿儿岛县/全年
	岩手县/6月上旬~10月下旬

Good! 挑选小窍门

◎选择果肉厚、有弹性、表面有光泽的

◎蒂有张力，有水分

青 椒 小 知 识

切法

竖着切丝
口感最佳

想要发挥出青椒的口感，建议顺着纤维将青椒竖着切成丝，这样的切法可以做炒菜。如果逆着纤维将青椒横着切丝的话做菜方便，适合各种菜肴。

<切成圆圈>

这种切法可以利用青椒凹凸有致的外形做好看的装饰，可以做比萨和沙拉的装饰配品

<竖切两半>

这种切法可以将半个青椒做容器来装肉馅，非常适合做烧烤和炖菜

保存方法

去除水分
放在保鲜袋中保存

保存整个青椒时，需要将青椒上的水分擦拭干净，用保鲜袋装好放在冰箱中，可以保存4～5天。如果青椒身上有伤的话是很容易蔓延的，所以需要将有伤的部位处理掉。青椒切开后需要在1～2天内食用完毕。

<取出籽>

切开的青椒很难保存，需要将籽挖掉，再用保鲜袋包住

事前准备·烹饪要点

把苦味的部分
干净地去除

青椒内部的籽和白色部分有苦味，需要将这部分去除后再做菜。籽可以直接用手挖掉，白色部分可以借助菜刀削干净。

像甜椒这种果肉较厚的去皮后口感会很顺滑，可以用作配菜或者做汤。将青椒烤焦后拿厨房用纸在表面摩擦就能很好地去皮。青椒加热后甜味更甚，但是加热过头就有损其风味，这点要注意。

❶

烤焦后去皮

如果不喜欢皮太厚的话可以去皮，甜椒非常好去皮。①将青椒放至烤网上，将整体均匀烤焦；②烤焦后拿厨房用纸或者湿抹布在青椒表面摩擦去皮，要注意不能太大劲

❷

挖掉有苦味的部分

青椒的苦味集中在籽和内部白色的部分，需要去除干净。将青椒对半切后，用手挖掉籽，再用菜刀将白色部分切掉，这样不管是外观还是口感都会变得更好

挑选要点

青椒鲜不鲜
看蒂部切面

选择整体深绿、有光，没有伤口，肉厚，表面有弹性，饱满，匀称，圆润，顶部隆起的青椒。蒂部的截面水分充足的比较新鲜，因为时间越长青椒就会从蒂部开始变得不新鲜，蒂部会变褐色。青椒变软、出现皱纹也是不新鲜的标志。

青椒的挑选要点同样适用于彩椒和甜椒。

<整体>

整体圆润，有光泽，有弹性，颜色深。形状不是观察重点。相同大小下选择更重的那只

<蒂部>

青椒变得不新鲜就会在蒂部体现出来。蒂部发黑就是不新鲜的信号，因此要选择蒂部紧绷且水润的青椒

青椒 的 品 种 多 样 性

夏

①

彩椒

【上市时期】 夏季

【特征】

彩椒有绿色、黄色、红色、橙色、紫色、白色、黑色七种颜色。红色的是绿色的青椒完全成熟后的形态，较甜，苦味少。彩椒这么多颜色中，绿色的甜味是最低的，而黄色和红色的尤其肉厚而甜

【美味食法】

彩椒不青涩而且水分多，所以很适合生食，比如做沙拉。其他做西式腌菜、炒菜、天妇罗和汤也都很适合

②

甜椒

【上市时期】 全年均有进口，初夏至秋季

【特征】

甜椒自荷兰传入日本，有红色、黄色、橙色、绿色、紫色、白色、褐色和黑色八种颜色。每个甜椒可重达100克以上，肉厚而味甘，色彩丰富而色香味俱全。生食能品尝到甜味，加热又不会破坏营养成分维生素C

【美味食法】

带皮直接烤后口感会很软嫩，最适合腌渍。也可以切了做沙拉

3

绿辣椒

【上市时期】 7~9月

【特征】

绿辣椒是红辣椒未成熟时的形态，是有辣味的品种。绿辣椒富含维生素和胡萝卜素，个头虽小营养却很丰富。一般用作香辛料，将籽去除后辣味会降低。完全成熟后的红辣椒的营养价值和辣味都比绿辣椒高

【美味食法】

用在肉菜和意大利面中增加菜肴风味。和尖椒一样适合做炒菜和油炸

4

尖椒

【上市时期】 夏季

【特征】

尖椒和青椒同是甜味辣椒的代表品种。尖椒是在成熟之前采收，成熟之后就是红色。尖椒可以和籽一起吃，口感好，味甘。当然和油一起做菜也很有利于营养的吸收

【美味食法】

适合做天妇罗、炒菜等烤、煮、炸等多种多样的菜肴。加热处理的话建议先在辣椒身上划刀，以免加热时膨胀辣椒破裂

5

万愿寺辣椒

【上市时期】 夏季

【特征】

万愿寺辣椒是伏见辣椒和外来品种加利福尼亚奇迹辣椒杂交的品种，是京都特产的甜味辣椒，比伏见辣椒个头大。万愿寺辣椒籽少，味甘，风味独特，果肉嫩

【美味食法】

直接烤，配合鲣鱼干和酱油就很好吃。还可以塞入肉末等馅进去再炸，也很美味

6

伏见辣椒

【上市时期】 4~10月

【特征】

也叫"伏见甘长辣椒"，是甜味辣椒。身长10~20厘米，果肉厚。富含膳食纤维和维生素C。味甘，大小合适，没有涩味，适合各种做法

【美味食法】

天妇罗，炒菜，加入煮菜里、炸后做腌菜都可以。最适合做肉菜和鱼

黄瓜

以水为命！
有效美容

　　黄瓜原产于喜马拉雅山麓，在西亚地区有3000年以上的栽培历史。9世纪至10世纪下半叶黄瓜自中国传至日本，但日本真正开始食用黄瓜是江户时代。根据表面是否有白霜（为保护表皮而自主产生的白粉），可以将黄瓜分为有霜黄瓜和无霜黄瓜两种，现在无霜黄瓜是主流。根据气温的不同也有不同的栽培方法，比如搭棚架和铺地膜。

　　黄瓜的成分几乎都是水，它还含有维生素C、胡萝卜素、钾等。钾利尿，有助于减少浮肿、消除疲劳和防止高血压。5～7月的黄瓜最为美味，不过要注意黄瓜水分很容易蒸发掉，时间一长就不好吃了。水分就是黄瓜的生命，所以一定要趁新鲜吃噢。除了食用，黄瓜还可以切成薄片后用纱布包住贴在脸上做化妆水美容用。

夏

[浅色蔬菜]

[日本名]	胡瓜
[英文名]	cucumber
[科·属]	葫芦科　黄瓜属
[原产地]	印度、喜马拉雅山麓
[美味时期]	5～7月
[主要营养成分]	维生素C、胡萝卜素、钾、膳食纤维
[主要产地]	宫崎县/全年
	群马县/3～5月、10～11月
	埼玉县/4～6月、9～11月
	福岛县/7月下旬～9月
	千叶县/全年（11～次年5月为最盛期）

Good! 挑选小窍门

◎粗细均匀

◎两端没有萎蔫的地方

◎深绿，有光泽，有弹性

黄 瓜 小 知 识

切法

简单的装饰切法

黄瓜的切法有很多种，根据它是用来做沙拉还是用来做凉拌菜抑或其他来选择。需要切薄片时可以使用刨刀，这样切出来的薄片又薄又均匀，而且很方便。此外，还有些很好看的装饰型切法。

<横切法>

先用削皮器在黄瓜表皮削出均匀的条纹，然后将黄瓜切块，切成粗1~2厘米比较容易食用

<装饰切法>

可以只切尾部然后将黄瓜呈扇形打开。还有一种花刀切法，如图所示，斜切的刀口呈左右交叉，这种切法常用于日本料理中

保存方法

还未成熟的黄瓜需在常温下催熟

保存黄瓜应当先把黄瓜表面水分擦拭干净，装入保鲜袋中，无须密封，立着放入冰箱，可以保存3~4天。要食用超过了这个时间的黄瓜，最好撒盐揉搓，或者做腌菜。切忌保存环境过冷。

事前准备·烹饪要点

选择粗细均匀绿色深的黄瓜

黄瓜采收后，水分先从两端开始流失。所以挑选黄瓜时要避免两端变软、凹陷甚至已经出现萎蔫的黄瓜。拿着黄瓜时，身上的刺越尖，甚至会觉得痛的程度，就说明越新鲜。

要选择整体呈深绿色，有光泽，粗细均匀的黄瓜。虽然笔直的黄瓜很好，有一点点弯也无大碍，不会影响它的新鲜和味道。

❶

板搓处理，活用擀面杖

在黄瓜上撒盐，在砧板上揉搓不仅能让黄瓜的口感更顺滑，还可以让黄瓜更入味，颜色更鲜艳。①在黄瓜上撒上盐，放在砧板上揉搓；②焯一道沸水；③放入冷水中。快速冷却会让黄瓜的颜色更鲜艳

❷

别只想到菜刀，还有擀面杖呢

把黄瓜放砧板上用擀面杖捶可以做拍黄瓜。这样做断开的纤维会比用菜刀切的粗，做菜时会更容易入味

挑选要点

粗细均匀颜色深绿

避免两端变软、凹陷甚至已经出现枯萎的黄瓜。黄瓜身上的刺尖到让人觉得痛的程度，就说明是新鲜的。

选择深绿，有光泽，粗细均匀的黄瓜。一般来说最好选笔直的黄瓜，不过就算有一点点弯也没关系。

<整体>

粗细均匀，不会越到顶部越细，深绿色，有光泽、弹性者为佳

<刺>

黄瓜身上的刺尖就说明比较新鲜。不过也有无刺黄瓜

<顶部>

黄瓜变得不新鲜是先从两端失去水分开始的，所以选黄瓜时要看两端是不是有凹陷和萎蔫

西葫芦

高营养价值，低卡路里
还有美肤功效

西葫芦外形似黄瓜，果实又是南瓜的近亲，只不过南瓜是在完全成熟后食用，而西葫芦是在开花后4~7天食用它的幼果，这是因为西葫芦的纤维质很多，长大后就不宜食用了。

西葫芦在16世纪被带到欧洲，现在细长型的西葫芦是19世纪下半叶时意大利改良后的品种。日本自20世纪80年代起开始栽培。除了我们熟悉的绿色的绿果种，还有黄果种、西洋梨形和球形的品种。西葫芦非常适合跟橄榄油等油类一起做菜，所以一般适合做炒菜、西式腌菜等，有提高免疫力、预防感冒、保护黏膜的效果。西葫芦含有的维生素B有利于促进血液循环，排出身体中多余的水分，所以它对消肿和美肤很有效果。

[浅色蔬菜]

[日本名]	无蔓南瓜
[英文名]	zucchini, courgettes
[科·属]	葫芦科　南瓜属
[原产地]	北美洲南部、墨西哥
[美味时期]	6~8月
[主要营养成分]	维生素C、胡萝卜
素、锌、膳食纤维	
[主要产地]	宫崎县/10~次年7月
长野县/7~10月	
千叶县/全年	
群马县/7~9月	
山梨县	

Good! 挑选小窍门

◎粗细均匀

◎实际重量比目测重

◎蒂部和尾部没有枯萎

西　葫　芦　小　知　识

切法
▼

简单切圆片
哪里都能用

西葫芦切圆片可以做咖喱、法式炖菜、番茄炖菜、天妇罗等各种各样的菜肴，从日式到西式。这种切法能让你同时体验到硬硬的皮和软软的果肉这种有对比又协调的口感，圆片的形状又非常好摆盘。西葫芦还可以切成骰子样的方丁，用在汤或者沙拉里。

<切圆片>

将西葫芦均匀切成厚1厘米左右的圆片，可以用在日式到西式各种各样的菜肴中

<竖切>

将西葫芦整条竖着对半切，把果肉挖空做容器，再将肉馅塞进去，可以放在烤架上直接烧烤，也可以用烤箱烤

保存方法
▼

避免
过冷

用报纸或者保鲜膜将西葫芦整个包住放入冰箱保存，可以存放4~5天。已经切开了的西葫芦则需要用保鲜膜包裹严实后放冰箱保存。为避免影响西葫芦特有的口感，注意保存环境不能过冷。

事前准备·烹饪要点
▼

和油加热
不去皮烹饪

西葫芦可以活用在各种各样的菜肴中。除了皮比较软的黄色种西葫芦，其他品种基本上都是加热后食用。处理西葫芦时，先用流动水清洗表面，将顶部包括苦味的蒂部在内的部分切下，可以不去皮。

西葫芦很适合和油一起做菜。用西葫芦做的比较有代表性的菜肴有法式炖菜这类炖菜，还有油炸、嫩煎这类用油加热的菜，加热后菜香溢出，美味加倍。

❶
处理时切下蒂部

处理西葫芦时需要把蒂部切下，但不需要去皮。如果西葫芦的表皮比较硬，可以仿照处理茄子的方式，在西葫芦身上斜着打一字花刀或者十字花刀，这样煮起来比较容易熟，也比较容易入味

❷
油是最佳搭档

直接单纯煮西葫芦的话并不能发挥出它的风味，西葫芦需要用油一起加热的做法才能使美味升级，比如做番茄浓汤，加橄榄油做炖菜，做炸天妇罗，做法式炖菜等

挑选要点

表皮紧绷
鼓起均匀

选择全身绷紧有光泽，粗细均匀，蒂部截面有水分的西葫芦。不要选个头过大的。同样大小的情况下选择更重的那只。

西葫芦不新鲜是从底部开始变枯反映出来的，所以也要看看底部周围的表皮是否绷紧、结实。黄果种和球形西葫芦也参照以上挑选要点。

<整体>

鼓起均匀者为佳。不要选择个头太大的。个头越大，西葫芦不新鲜后口感就会越差

<蒂部>

西葫芦容易变干，就算放保鲜袋里面也容易变得不新鲜，所以挑选时一定要注意两端水分是否充足

秋葵

独特的黏稠成分
让血液流通更顺畅

秋葵是日式料理的菜单中不可缺少的存在。日本对秋葵的称呼就是秋葵在其原产地的名字。秋葵在幕末至明治时代传至日本，但直到1965年之后才普及到全国。秋葵和木槿同属锦葵科，都开黄花，都因作为蔬菜开的花十分美丽而出名。

秋葵独有的黏稠成分是果胶和黏蛋白，果胶是水溶性膳食纤维，黏蛋白属于蛋白质的一种。果胶对于降低血液中胆固醇值和降血压有效果，而黏蛋白有助于保护胃黏膜、促进蛋白质的消化和强化肝脏机能。此外，秋葵含有的胡萝卜素、维生素B_1、维生素B_2、维生素C、钙、钾、镁等成分对于提高免疫力也很有帮助。秋葵还含有膳食纤维，有助于促进肠道蠕动。

在同一个品种群里有外表红色的红秋葵，个头大、豆荚圆、果肉软的圆秋葵等多种品种。

夏

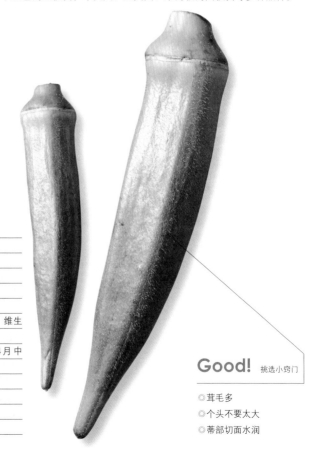

[浅色蔬菜]

[日本名]	美国、冈莲根
[英文名]	okra
[科·属]	锦葵科 秋葵属
[原产地]	非洲东北部
[美味时期]	6~8月
[主要营养成分]	胡萝卜素、维生素C、钙、膳食纤维

[主要产地] 鹿儿岛县/4月中旬~10月下旬
高知县/4~10月
冲绳县/6~9月
宫崎县/6~11月
德岛县/5月下旬~10月

Good! 挑选小窍门

◎茸毛多
◎个头不要太大
◎蒂部切面水润

秋 葵 小 知 识

切法

横切能切出
可爱的星形

秋葵最简单的切法就是横切，这样切面呈星形，摆盘时会很好看。秋葵切碎末的话可以用来提味。斜切的话切面比较细长，烹饪起来容易入味，适合做炒菜等。

<横切>
不管是生的秋葵还是煮过的秋葵都可以横切，星形非常可爱，适合做沙拉的装饰配品和汤

<切末>
把秋葵切成碎末，切出黏液可以做山药泥的代替品，还可以用在菜肴中提味

保存方法

非常容易失去鲜度
需要尽快食用完毕

保存秋葵时可以拿沾湿了的厨房用纸包裹住，放入保鲜袋中或者用保鲜膜包住放入冰箱。由于秋葵很容易变得不新鲜，所以务必在三四天内食用完毕。此外还可以把秋葵煮久一点，把水分擦干净后冷冻保存。

事前准备 · 烹饪要点

生食前焯一下
口感更顺滑

秋葵可生食，但生食前焯一道去除涩味，口感会更好。如果是做天妇罗、炖菜这种需要加热的料理就不需要焯，可以直接使用。

生食前需要除掉秋葵表面覆盖的茸毛。用网袋包装销售的秋葵可以直接在水里就着网袋摩擦去毛，用袋子等其他方式销售的秋葵可以放砧板上撒盐搓搓。数量多的时候板搓比较方便。

❶
轻松去毛的方法

在日本，很多时候秋葵是用一个绿色的小网袋包装好销售的，这种情况下可以准备一盆水，直接就着网袋在水中摩擦揉搓秋葵

❷
将萼部削薄

顶部别一刀切了，只要把比较硬的那部分切掉就好，然后将萼部筋比较多的地方削薄

❸
绿色变深后迅速捞起

焯秋葵时先往沸水中放盐，再下秋葵，秋葵颜色变深后即可迅速捞起过冷水

挑选要点

表面有茸毛
绿色要鲜艳

整体呈鲜艳的绿色，直挺、有光泽，表面有密集茸毛，这些就是秋葵新鲜的证明。此外，还应当挑选蒂部切面有水分，没怎么发黑的秋葵。

大小、形状均匀，秋葵角形状分明的就是优良的秋葵。别挑个头太大的，这是因为太大的秋葵可能已经长老了，这种秋葵已经不好吃了。另外，考虑到秋葵容易变干，挑选时可以拿在手里掂一下，同样大小选比较重的。

<整体>
个头太大的秋葵已经老了，味道、口感都不好，可能会发苦，所以要避免

<蒂部>
选择蒂部直径20毫米左右，蒂部切面很水润，秋葵角形状分明，没有不新鲜的黑斑点的秋葵

长蒴黄麻

号称"蔬菜之王"
生命力强

夏

　　长蒴黄麻的日文名"モロヘイヤ"来自阿拉伯语，意思是"蔬菜之王"。长蒴黄麻在埃及有5000年以上的栽培历史，直到今天依然是常见的生命力旺盛的黄绿色蔬菜之一。

　　长蒴黄麻的营养价值非常高，它富含胡萝卜素、维生素C、维生素B_1和B_2、维生素E、钙、镁、钾以及有抗氧化作用的槲皮素，其中胡萝卜素含量居蔬菜之首，维生素B_2的含量约为菠菜的20倍，钙含量约是菠菜的7倍之多。

　　长蒴黄麻煮过或切过后会产生一种名为黏蛋白的黏稠成分，黏蛋白有促进蛋白质的消化、保护消化器官黏膜、预防消化不良、预防胃部不适的功效，吸收水分后能够刺激胃部和肠管，有助于改善便秘。不过长蒴黄麻的幼荚中含有名为毒毛旋花子苷元的毒素。

[浅色蔬菜]

[日本名]	缟纲麻
[英文名]	jew's marrow
[科·属]	椴树科　黄麻属
[原产地]	印度、埃及
[美味时期]	6～8月
[主要营养成分]	胡萝卜素、维生素B群、维生素E、钙
[主要产地]	群马县/5～10月下旬
	三重县/6月中旬～8月
	福岛县/6月上旬～7月、8月下旬～9月下旬
	佐贺县/5～8月
	宫城县/7～9月
	兵库县/7～9月

Good! 挑选小窍门

◎菜叶深绿，有张力，有光泽
◎茎部切面水润

长 蒴 黄 麻 小 知 识

切法

剁碎菜叶
直到渗出黏液

一般我们只食用长蒴黄麻的菜叶部分，所以事先要把茎叶摘开。菜叶在煮过并剁碎后应用范围很广，而且还能冷冻保存，这样可以存放较长时间。

〈择菜〉

长蒴黄麻的茎又细又软，我们一般只食用菜叶，所以要摘下菜叶

〈剁碎〉

焯好、冷却好后，将菜叶剁碎，直到有黏液出来

保存方法

一两天内
食用完毕

保存长蒴黄麻时可以将它的茎叶湿润后用保鲜袋装好放在冰箱里，但保存不了多久，最好一两天内就食用掉。当然还可以冷冻保存，比较方便，先焯一道然后泡在冷水里去除涩味后，将表面水分擦干净，再剁碎，之后冷冻。

事前准备·烹饪要点

全煮熟后
冷冻保存

叶子蔬菜不容易保存，所以买了长蒴黄麻的话最好一次性煮完食用掉，否则建议冷冻保存。

热一锅水，放盐，将长蒴黄麻茎叶分开，把菜叶在沸水里焯一下，过冷水后放竹篓里晾，等凉下来切碎后放入冰箱冷冻层冷冻保存。保存时可以将碎末平铺摊开，这样方便下次取用。长蒴黄麻碎末可以加在味噌汤里，也可以跟纳豆拌着吃，还可以放在凉拌豆腐上，用处很广。

---

❶
焯长蒴黄麻

叶子蔬菜不容易保存，建议全部保存前先焯一道。焯完要在冷水中浸泡一下，这样能去除涩味，保持菜叶颜色。①热一锅水，加盐，焯菜叶；②浸泡在冷水里，然后放竹篓里晾置待冷却

---

❷
切碎末后冷冻保存

将冷却后的菜叶剁碎，放入冰箱冷冻层冷冻保存。可以用袋子装好并平铺开来，这样方便下次取用

挑选要点

鉴别
菜叶情况

长蒴黄麻是菜叶供人食用的蔬菜，所以我们最需要关注的就是它菜叶的情况。挑选时，应当选择菜叶结实、厚、有张力且有光泽，呈深绿色，水灵灵的那种。翻过菜叶看看它的背面，看叶脉是否清晰明了，菜叶是否左右对称。

茎部绷直为佳。避开茎叶变茶褐色、出现枯萎状态的。

〈整体〉

有张力且有光泽，尤其是茎部切面应当水灵灵的。注意菜叶部分

〈菜叶〉

菜叶是我们食用的部分，先看背部情况。选择叶脉清晰，整张菜叶有张力的

生姜

独特的辛辣和芳香让它成为不可或缺的佐料

据说生姜是在3世纪之前就从中国传至日本的用于烹调调味的蔬菜。我们一般是食用肥大的地下茎部分。生姜并没有很特别的营养成分，但它的辛辣和芳香有很好的药效。其独特的辛辣成分是姜油酮和姜烯酮。姜油酮能够促进血液循环、促进出汗，有助于提高人体代谢能力、暖身，所以对于治疗感冒和受寒型经痛有效果。姜烯酮有很强的抗氧化作用，还具有抗癌作用。

因其独特的芳香能够激发食欲，所以生姜被广泛用作香辛料。芳香成分姜烯和香茅具有除臭解毒作用。

日语中的"根生姜"指的是嫩姜，即新长出的块茎，又叫带叶鲜姜或谷中生姜。日本使用生姜，欧洲会先干燥生姜块茎，粗碾后使用。

夏

[浅色蔬菜]

[日本名]	生姜
[英文名]	ginger
[科·属]	姜科　姜属
[原产地]	热带亚洲
[美味时期]	新姜在6月左右
[主要营养成分]	钾、钙、镁、膳食纤维
[主要产地]	高知县/10～11月
熊本县/6～8月、10月下旬～11月	
和歌山县/6～10月上旬、6～8月（大棚）	
静冈县/3～7月	
千叶县/全年。带叶鲜姜为6～8月	

Good! 挑选小窍门

◎切面不干

◎整体鼓起、紧绷

◎较硬

生 姜 小 知 识

切法

切法不同
口感多样

　　将纤维切断的横切会让生姜吃起来有种"咔嚓咔嚓"的脆感，顺着纤维的竖切则是很软的口感。不过我们最常用的还是将生姜磨碎，这样既能做提味的佐料，又能做热饮。

<薄切>

去不去皮均可。适合做糖醋生姜、炖菜，加在汤里

<切丝>

切粗可以加在炒菜里，切细可以做配料。切法很简单，先切薄片，再将薄片叠起来从右开始切

保存方法

可冷藏
可冷冻

　　保存生姜时应用保鲜膜或报纸包好放在阴暗处，能保存10~14天。虽然生姜断面会变干，用的时候把蔫了的部分削掉即可。把生姜磨碎、剁碎后冷冻保存也是可以的。不过最好还是趁新鲜早点食用完。

事前准备·烹饪要点

磨碎时
无须去皮

　　生姜通常用作佐料，使用范围相当广，一般先磨碎，可以加到炖鱼、豆腐、火锅里。
　　生姜的皮有其独特风味，所以磨碎时不需要去皮。磨生姜时挤出的生姜汁除了提味，还可以加在调味料里或者姜汤里，可用之处也很多。要去皮的话不建议拿小刀削，因为容易浪费姜肉，最好用刀背或者勺子把皮刮下来。

❶
带皮磨碎

生姜的皮有其独特风味，所以磨碎时不需要去皮。生姜含有很多纤维，所以研磨时生姜跟擦菜板成直角，这样正好能磨到纤维

❷
生姜汁用于提味

想要提味时可以拿厨房用纸或者纱布之类的包住磨好的生姜挤汁

❸
糖醋腌渍更易保存

把生姜泡在糖醋里腌渍后会比生姜更易保存。腌制时，口味喜欢酸味可以多放醋，喜欢甜味可以多放糖

挑选要点

看看
切面情况

　　挑生姜时首先就得看看它的切面，选择没有发霉或变蔫，而且比较水灵的。看外观，颜色均匀，通体饱满、鼓胀且硬硬的较好。
　　生姜都是从一个比较大的根上被切下来销售的，所以形状会各异，即使是歪歪扭扭的生姜，它的味道也不会受到影响。选择夏上市的新姜时应当选择整体白色部分较多，茎部底下带有鲜红色，紧绷且水润的。

<整体>

整体肉厚而结实，筋粗且分明为良品。形状不影响味道及鲜度，选择合适的即可

<切面>

挑生姜，首先看切面。避开水分已经蒸发掉、干了的那种生姜。不过自家存放的生姜有点儿干了的话，把干掉的部分削掉还是能继续食用的

阳荷

夏季的香味植物
芳香功效多多

夏

阳荷原产自东亚，是日本各地都有自主生长的一种香味植物。只有日本将阳荷当作蔬菜栽培，其主要食用部分是从地下茎长出来的花穗。阳荷是夏季蔬菜，6～8月的夏阳荷个头比较小，而8～10月的秋阳荷却个头大而饱满，色彩鲜艳。

阳荷的嫩茎日照后有了一点红色的部分叫作阳荷笋，一般用作香辛菜。

阳荷的芳香成分是 α-蒎烯，有增加食欲、促进血液循环、发汗的作用。日本有俗话说阳荷"吃了不长记性"，但从营养学的角度来说阳荷并不含有这种效果的成分。相反，其芳香成分具有增强注意力的效果。

在东京都文京区有一处地名为"茗荷谷"，就是因为直到江户时代，这处地都很盛行栽培阳荷。

[浅色蔬菜]

[日本名]	茗荷
[英文名]	Japanese ginger
[科·属]	姜科　姜属
[原产地]	东亚、日本
[美味时期]	新阳荷在6月左右
[主要营养成分]	钾、维生素B群、钙、膳食纤维
[主要产地]	宫城县/2～7月，6月为最盛期
	京都府/京阳荷(别名"阳荷笋")：4～5月；花阳荷：7～10月
	山形县/8月下旬～10月
	茨城县/4～5月、9～10月
	岩手县/9～10月

Good! 挑选小窍门

◎饱满浑圆，包裹严实
◎切口和顶部都是水灵灵的

切法

做佐料
得这么切

因为阳荷基本都是用来做佐料，所以都是采用横切或切碎的方法。用作生鱼片的配菜时则采用切丝法。糖醋阳荷是很受欢迎的小菜，要做糖醋阳荷可以将阳荷竖着对半切。

＜横切＞

横切阳荷可用于做菜肴的配色以及面和豆腐的佐料。切好后可以稍微在水里泡一会儿

＜斜着薄切＞

这种切法适合做凉拌菜和沙拉。切得比较大块吃起来也别有一番风味

保存方法

尽早
食用完

阳荷很容易出现伤口，所以最好尽快食用完毕。要保存阳荷时，需要拿沾湿的厨房用纸或报纸包好，或者往阳荷身上喷水雾后放到保鲜袋里，再放入冰箱存放，可以保存3天。也可以放在密闭容器里冷冻保存。存放过程中可能阳荷会有点变成红紫色，这没有关系，它的香味不会改变。

事前准备·烹饪要点

要发挥阳荷风味
就要先在水里泡一下

一般而言阳荷是生食的香味蔬菜，当然它也可以做成糖醋阳荷或者用在菜里提味。

阳荷不易保存，很快就会长出花芽和黄色的芯，这时阳荷的味道就不好了，得把长出来的部分拔掉。想要脆脆的口感，小秘诀就是切好后泡在水里，不过要注意不能泡太久，不然反而影响口感。保存阳荷时，与其放入冰箱，不如做糖醋阳荷或西式腌菜，这样能存放得久一点。

❶
在碗里洗阳荷

阳荷里面有很多泥土，处理时需要把它竖着对半切，装一大碗水，在水里边晃边清洗

❷
用保鲜膜包好冷冻保存

阳荷是不易保存的蔬菜，最好在它开花前切好，并分好每次要用的量，用保鲜膜包住保存

❸
阳荷船

把阳荷瓣一片片剥下，因为阳荷瓣像小船一样，可以拿来装海胆酱、盐渍鱼子、奶油酱

挑选要点

看看果实
是否包裹紧实

挑选阳荷时，选择整体饱满浑圆、包裹紧实的。切面和顶部如已变褐色，呈半透明状，或者溶解了的话说明已经老了。

长了花的阳荷不好吃，也不要选。一般超市卖的阳荷多为鲜红色，而产地直营店等地卖的阳荷多还带绿色而且身上having有土，不过它们的挑选标准是一样的。颜色不影响新鲜程度。

＜整体＞

饱满、紧绷。尽量选择茎部没有青色的

＜菜叶＞

阳荷是很容易就有伤的蔬菜，所以要注意它的茎和顶端部分有没有恶化

毛豆

含优质蛋白质
啤酒的最佳搭档

毛豆和号称"田间肉"的大豆一样富含优质蛋白质，钙、维生素B_1和维生素B_2的含量也很丰富。维生素B群有促进碳水化合物和脂质转换成能量的功效，从而能够促进新陈代谢。而且毛豆含有大豆没有的维生素C，再加上富含膳食纤维，能够清肠，有助于预防中老年病。

你知道毛豆配啤酒是对我们身体最合理的一种组合吗？这是因为存在于丰富的维生素类和蛋白质中的氨基酸蛋氨酸能够加速酒精分解，减少对肝脏的负担。

在同品种群中，有山形县鹤冈市的特产——荚面覆有茶色茸毛的——达达茶毛豆，还有常在正月做炖菜的有名的丹波产黑豆等。

夏

[浅色蔬菜]

[日本名]	大豆
[英文名]	green soybeans
[科·属]	豆科　大豆属
[原产地]	中国
[美味时期]	7～8月
[主要营养成分]	蛋白质、维生素B_1、铁、叶酸
[主要产地]	千叶县/6～8月
山形县/7～8月	
埼玉县/6～7月	
新潟县/7～8月	
群马县/7～9月	

Good! 挑选小窍门

◎一根枝上结有很多果实

◎荚面覆有齐整的茸毛

◎豆子整齐排列

毛 豆 小 知 识

切法

切碎以发挥口感
用作料理的配菜

虽然毛豆最常见的做法是煮后即食，但它也可以做其他料理的配菜。比如可以将毛豆切碎后和蛋黄酱、沙拉调料搅拌，还可以和奶油酱搅拌后做配料，也可以拌糖做成毛豆泥馅料。

<切碎>

加到冷汤里拌成糊状，会有一小粒一小粒的口感

<碾泥>

用研磨钵和钵杵碾成泥，可以用作调料或者点心，口感顺滑

保存方法

购买后尽快
煮好保存

不管买的是带枝还是不带枝的毛豆，都应该尽快煮一道，煮得略硬，待自然冷却后用保鲜袋或者密封容器装好再放入冰箱，可以保存2天。需要存放2天以上的话建议放在冷冻层。冷冻后的毛豆可用微波炉解冻。

事前准备·烹饪要点

简单一煮风味就大不同的
基本处理方法

毛豆可以煮后食用，也可以切碎或者做成沙司加到其他菜里。

想要煮得好吃，首先用剪刀把长在枝上的豆荚剪下来，同时在顶端剪下一小口，这样会煮得更入味；接着在流水中摩擦清洗毛豆，也可以用盐把表面茸毛揉搓掉；热一锅水，沸腾后加盐放毛豆煮4分钟，因为关火后还会有些余热，所以煮得稍微硬点比较好。煮过的毛豆可以冷冻保存。

毛豆煮至微硬

煮毛豆时有三点注意事项：①把毛豆顶端一小部分剪掉；②用盐揉搓去茸毛，提升口感；③煮毛豆时因为关火后还会有些余热，所以煮得稍微硬点比较好。煮好后可待自然冷却，依喜好可撒盐食用

1   2

剥去种衣，口感更顺滑

处理毛豆时可将每粒豆的种衣剥去，虽然这一步比较麻烦，但高级料理就会这么做，因为剥去种衣后在烹饪过程中不必再担心种衣会脱落，口感会更顺滑，也更容易入味。做点心一般不会省去这一步

挑选要点

尽量选择
带枝毛豆

果实离开枝后口感会迅速变差，所以尽量购买带枝毛豆。

选带枝毛豆时，要看是不是有很多毛豆附在枝上，枝呈绿色而有张力。豆荚鼓起均匀且呈鲜绿色为佳。过淡的颜色是枯萎的表现。还要注意市场上会销售采收后过了好些天的毛豆。

<整体>

豆子整齐排列，鼓起均匀。豆荚呈鲜绿色。是否有茸毛跟品种有关，跟味道关系不大

<连接茎的部位>

茎挺直。注意豆荚和茎的连接处，不要选枯萎变茶褐色的毛豆

玉米

高营养价值，多用途
世界三大粮食作物之一

　　玉米原产于南美洲北部至墨西哥，在15世纪大航海时代传到欧洲。玉米是与水稻、小麦并称的世界三大粮食作物之一，在16世纪被带到日本。从明治初期开拓北海道起，日本正式开始种植玉米。

　　我们一般食用的玉米是含糖量高的甜味品种甜玉米。

　　玉米营养价值高，含有碳水化合物、蛋白质、维生素B_1和B_2、维生素E、钾、锌、铁质等。玉米还富含膳食纤维，具有调整肠胃功能作用。

　　在同品种群中的果实有黄、白、紫三种颜色，有有嚼劲的木玉米（woody corn），有有光泽、软且很甜的银系玉米（silver），还有生食用品种、在很嫩的时候就采收的玉米笋（baby corn）等种类。

夏

[浅色蔬菜]

[日本名]	玉蜀黍
[英文名]	corn
[科·属]	禾本科　玉蜀黍属
[原产地]	南美洲北部至墨西哥
[美味时期]	7～9月
[主要营养成分]	碳水化合物、蛋白质、维生素B群、锌
[主要产地]	北海道/7月中旬～10月中旬
	千叶县/5～8月
	茨城县/5～8月
	山梨县/4月末～7月
	群马县/8月

Good! 挑选小窍门

◎玉米须多

◎果实紧实、饱满、有光泽

◎切口处没有变色

玉 米 小 知 识

切法

根据不同的烹饪方法
选择合适的切法

玉米一般都是整个煮，啃着吃，或者整个烤，若做便当的话，就会切小段或半月形。当然还可以把玉米粒切下来，做汤或者炸丸子的馅。

<切小段、切半月形>

切小后容易放在便当盒里，吃起来也很方便。烧烤和烤肉时也可以这么切

<削玉米粒>

用菜刀把玉米粒削下来

保存方法

购入后
尽快煮制

玉米在采收后会迅速失去糖分，所以不能存放生玉米。买了玉米后应尽快煮玉米，可以整个也可以切段，之后用保鲜膜包好放入冰箱保存。当然也可以把玉米粒削下来，用可密封的袋子或其他容器装好放冰箱冷冻保存。

事前准备·烹饪要点

依据个人喜好
选择加热方法

玉米要想煮得好吃有3种方法。第一个方法是放冷水中开始煮，沸腾后4~5分钟即可关火，盛出来后利用余热焖熟。第二种方法是用蒸具，等有蒸汽了再把玉米放进去开始蒸。第三种方法最简单，用保鲜膜把玉米牢牢包住，放入微波炉中加热4~5分钟（600瓦）。微波炉加热的玉米因为已经事先用保鲜膜包好了，所以可以直接存放。这三种方法加热后的味道差别不大。

趁热用保鲜膜包好

按需选择加热方法。①放冷水中开始煮，沸腾后4~5分钟即可关火，盛出来后利用余热焖熟；②微波炉加热或蒸具加热；③趁热用保鲜膜包好就不会皱皮

1

2

3

挑选要点

玉米须越多
玉米粒越多

最好买带叶子的玉米，叶子不能枯萎，玉米整体饱满匀称，玉米须多为佳。这是因为玉米须部分是雌蕊花柱，所以玉米须的数量和玉米粒是一致的，玉米须越多玉米粒就越多。玉米须是黑色则这个玉米比较成熟。

玉米粒大而饱满、有光泽为佳。还要选茎切口呈乳白色且富含水分的玉米。

<整体>

整根玉米鼓起均匀，叶子颜色深为好

<玉米须>

玉米须越多，说明玉米粒越多且紧实

<茎>

茎的切口处和叶子如果发黄了，则说明这个玉米不太新鲜

<玉米粒>

看玉米粒，玉米粒挤、颗粒饱满有光泽为好

苦瓜

苦味能促进胃液分泌
富含维生素C

　　在日本，苦瓜因具有代表性的豆腐炒苦瓜而出名，现在全日本均有食用。

　　一般我们食用的表面凹凸不平的苦瓜是还未成熟时就采摘下来的果实部分。苦瓜的特点就在于尚未成熟时是最好吃的，不像番茄这种要等完全成熟后才能食用。一般市场上销售的是中长苦瓜，这种苦瓜是为了满足量产的需求而改良后的品种。苦瓜原产于东印度及东南亚，现在在日本冲绳、宫崎、鹿儿岛、群马等地均有栽培。

　　苦瓜的时令在6～10月上旬，其独特的苦味可以说是它的标志。苦瓜的苦味来自成分苦瓜甙，不仅具有促进胃液分泌、增强食欲的功效，还有强化肝脏机能、降低血糖的作用。苦瓜还富含维生素C、钾、钙、镁。其含量尤其高的维生素C即使加热后也不容易损失，而且苦瓜很适合和豆腐、猪肉做菜，有很多种做法，比如炒菜、醋拌凉菜、榨果汁等。

夏

[浅色蔬菜]

[日本名]	蔓荔枝、苦瓜
[英文名]	bitter gourd
[科·属]	葫芦科　苦瓜属
[原产地]	热带亚洲
[美味时期]	8月
[主要营养成分]	维生素C、钾、钙、镁
[主要产地]	冲绳县/3～8月
宫崎县/全年	
鹿儿岛县/5～9月	
熊本县/4～7月	
群马县/7～10月	

Good! 挑选小窍门

◎翠绿色

◎小疙瘩清楚分明

◎顶端和尾部没有发黄

苦 瓜 小 知 识

切法

不同的切法
适合不同的做法

苦瓜切半月形可以做炒菜、凉拌；切圆形适合烹饪，还可以切成2厘米以上的厚度，往苦瓜里塞肉馅烹饪；竖着对半剖开，挖空瓜籽和瓤可以装馅，然后用烤箱烤。

<切半月形、切圆形>

根据需要切成合适的厚度。切圆形后再对半切就是半月形

<竖着对半切>

把苦瓜对半剖开，用勺子把里面的瓜籽和瓤挖干净

保存方法

切开过的苦瓜
需取出瓜籽和瓤

整个的苦瓜可以用湿的报纸包裹起来放在阴暗处，可以存放两周左右。

<取出瓜籽和瓤>

切开过的苦瓜需要把瓜籽和瓤挖干净，然后用保鲜膜包好放入冰箱保存，可以存放一周左右

事前准备·烹饪要点

掏出苦味的
瓜籽和瓤

苦瓜不用去皮食用，所以冲洗表面即可。苦瓜的苦味集中在瓜籽和瓤里面，不喜苦味可以切开苦瓜用勺子把瓜籽和瓤掏干净，然后用盐揉搓（可以加热水）或者焯一下。用油炒苦瓜苦味也不会很重。
　　喜欢苦味的人不去瓤也可以。

去苦味的方法

要去除苦瓜的苦味，把它的瓜籽和瓤挖干净后还可以这么做，①加盐揉搓，去除水分；②焯一下以减少苦味。当然喜欢苦味的人不去苦味也可以，不过最好把瓤白色的部分挖掉

1　　　　　　　2

❷

用勺子挖去瓜籽和瓤

把苦瓜竖着剖开，然后用勺子挖掉瓜籽和瓤。①苦瓜对半切，用勺子挖；②要保存苦瓜的话，挖空苦瓜后沾湿的厨房用纸垫在苦瓜里，再用保鲜膜将苦瓜整个包起来

1　　　　　　　　　　　2

挑选要点

**看看
颜色和疙瘩**

选择整体呈翠绿色、有光泽、不枯萎、不变色的苦瓜。拿在手上掂一掂，比目测重的比较好。同样大小的苦瓜选择更重的那只。整体粗细均匀，有一端略尖为佳。
　　苦瓜表面的小疙瘩有光泽、密集为佳。

<整体>

整体呈翠绿色、有光泽者为良品

<顶端>

顶端如果出现黄色，就说明已经枯了，所以要看看两端的状态

<疙瘩>

小疙瘩没有被压坏，形状清晰分明、密集为好

这是一份幸福烹饪法，教你简简单单就能提炼出蔬菜的美味

夏季蔬菜烹饪法

夏季是容易消耗体力的季节。
用盛夏的
食材
再来点儿调料
刺激你的味蕾。

夏

西葫芦鹰嘴豆咖喱拌饭

这道咖喱拌饭能让你享受到西葫芦和鹰嘴豆搭配的奇妙口感。
香辛料的香与辣让你瞬间着迷。

材料（2人份）

▼▼▼▼▼▼▼▼▼

- 西葫芦……1根
- 大蒜……1只
- 生姜……1块
- 葱……150克
- 橄榄油……1/2大匙
- 熟高粱……80克
- 鹰嘴豆（煮熟的或罐头）……120克

A
- 纯米酒……3大匙
- 咖喱粉……2大匙
- 伍斯特沙司……2大匙
- 甜菜糖……1小匙
- 自然盐……适量
- 胡椒……适量
- 3分精米/白米……2碗量

做法

▼▼▼▼▼▼▼▼▼

1. 将西葫芦切成鹰嘴豆差不多的大小，将西葫芦切成圆片后切十字即可。
   葱姜蒜切碎。
2. 锅里热橄榄油，小火炒姜蒜，香味出来后下葱。
3. 葱呈透明色且闻到香味后下熟高粱和西葫芦；加盐、胡椒。
4. 加鹰嘴豆，快炒。
5. 加A部分食材，炒匀。
   加盐、胡椒调味。
6. 起锅盛在装好饭的盘子里。

竖着把西葫芦对半切两次后扣在砧板上，切成厚1厘米的小块，这种大小和鹰嘴豆接近，炒起来不会过火均匀，盛出来后也好看

夏

菜谱 2

香辣油炸茄子

简单的小菜，茄子油炸过后浸在调味汁里即可。
豆瓣酱刺激的辛辣味勾动盛夏的食欲。

材料（2人份）

▼▼▼▼▼▼▼▼▼

- 茄子……4根
- 番茄……50克
- 小葱……2根
- 油……适量

A
- 酱油……2大匙
- 甜料酒……1大匙
- 醋……1.5大匙
- 甜菜糖……1大匙
- 鲜汤汁……1.5大匙
- 豆瓣酱……1小匙
- 大蒜切碎……1只
- 生姜切碎……1块
- 大葱切碎……3厘米

做法

▼▼▼▼▼▼▼▼▼

1. A部分食材混合做成调味汁。
2. 茄子竖着对半切，表面划花刀。
3. 油炸茄子（160~170℃），油量不没过茄身。
   炸好后把茄子浸在步骤1中的调味汁里。
4. 腌30分钟左右即可装盘，可以撒上切碎的番茄和小葱做装饰。

在茄子表面竖着划3~4道花刀，这样炸起来易熟，腌起来也更入味。为了装盘好看，建议不要把茄子蒂切掉，而且蒂部内侧的肉也好吃有营养

菜 谱 3

清炒三彩椒

用高营养价值的青椒做出的王道日本料理。
用红、黄、绿三色青椒，让色彩更斑斓。

材料（2人份）

▼▼▼▼▼▼▼▼▼▼

- 青椒……3个
- 红椒……半个
- 黄椒……半个
- 麻油……1小匙
- A
  - 酱油……1大匙
  - 酒……1/2大匙
  - 纯米酒……1大匙
  - 干鲣鱼薄片……1小匙
- 白芝麻……适量

做法

▼▼▼▼▼▼▼▼▼▼

1. 把所有辣椒的蒂切掉，里面挖空，切丝。热麻油，下辣椒中火炒制。
2. 为了让色泽更艳丽，加入A部分食材炒制。
3. 起锅，撒白芝麻。

青椒炒制后其独特的苦味会减少，这样更好吃。而且青椒很适合和油一起做菜，具有加强维生素A吸收的效果。炒至入味、色泽更鲜艳为止。

夏

蔬菜盛宴凉面

在食欲不佳的夏季，不如试试滑溜好吃的凉面吧！
盛在凉凉的碗里，看上去也清清爽爽。

材料（2人份）
▼▼▼▼▼▼▼▼▼

● 黄瓜……半根
● 番茄……半个
● 阳荷……1只
● 玉米……1根
● 秋葵……4根
● 凉面……2人份
● 芥末……适量

做法
▼▼▼▼▼▼▼▼▼

1. 黄瓜切丝，番茄切片，阳荷斜着切薄片。
2. 煮玉米，然后取玉米粒。
3. 板搓秋葵，焯1分钟，静置待冷却，切小片。
4. 煮面，晾干，拌卤汁，装盘。
5. 将步骤1、2、3中的食材铺在凉面上，注意色彩搭配。根据喜好选择加不加芥末。

具体用什么蔬菜可以根据喜好调整，蔬菜的切法也随意。最近日本市场上也有销售圆秋葵，但五角秋葵切出来的星形比较可爱

毛豆冰淇淋

豆子松软的口感
充斥唇齿之间
入口即化的夏季冰凉点心。

材料（2人份：150毫升 x 2）

▼▼▼▼▼▼▼▼

- 毛豆（净重）……100克
- 牛奶……150毫升
- 鲜奶油……50毫升
- 炼乳……3大匙
- 盐……一撮

做法

▼▼▼▼▼▼▼▼

1. 用盐搓毛豆，放沸水里煮4分钟，盛起后静置冷却，冷却后剥去豆荚和种衣。
2. 用搅拌机或者自动食品加工机把处理好的毛豆搅拌成泥，再把其他食材放进去一起搅拌至更顺滑。
3. 装起来放冰箱冷冻，冷冻过程中可以再搅拌几次。

为了让口感更顺滑，可别偷懒哟，一定要把种衣剥干净。冷冻过程中再搅拌几次可以让口感更顺滑。食用时还可以让冰淇淋稍微化一点再搅拌

黄瓜酸奶果冻

一青二白带来的
反差之美
色香味让你
耳目一新的果冻。

材料（1个24厘米果冻模具份）

▼▼▼▼▼▼▼▼

- 黄瓜……2根
- 蜂蜜……2大匙
- 柠檬汁……2小匙
- 热水……100毫升
- 明胶……15克
- 牛奶……450毫升
- 砂糖……75克
- 酸奶……450克
- 柠檬汁……3大匙

做法

▼▼▼▼▼▼▼▼

1. 明胶放入100毫升80℃的热水中浸泡。
2. 用削片机把黄瓜削成薄片，用蜂蜜和柠檬汁浸泡10分钟后，把黄瓜片垫在模具底部。剩下的1根半搅拌成泥。
3. 奶锅加热牛奶，加糖。1步骤中的明胶放微波炉加热使熔化，在牛奶沸腾之前倒入。牛奶倒入碗中，可以把碗放冰水里加快冷却。冷却后加酸奶、柠檬汁和黄瓜泥搅拌均匀。
4. 将步骤3做好的糊倒入模具中，放冰箱冷藏待定型。

一定要等牛奶冷却。所有食材混合后可以把碗放冰水里边搅拌边速冷却，搅拌成糊后倒入模具，放冰箱冷藏定型

秋季蔬菜
马铃薯

预防雀斑，缓解便秘
女性喜爱的美容蔬菜

秋

马铃薯原产于南美洲安第斯山脉，公元前即开始种植，是原住民的主食。安土桃山时期（1568—1603年），马铃薯自加留巴（印度尼西亚雅加达古名）传至长崎，所以最开始马铃薯在日本被叫作"加留巴芋"，后来它的名字简化变成现在的马铃薯。当时马铃薯在日本主要作鉴赏和饲料用途，因为马铃薯味道比较清淡，不适合日本的菜肴，大家也不关注马铃薯。

现在日本有5～6月上市的新马铃薯和冬季采收的品种。其他季节的马铃薯会低温存放、贮藏。

说起马铃薯的营养价值，它号称"田里的苹果"，富含维生素C，它还有丰富的淀粉质保护着维生素C，所以加热后维生素C也不会被破坏。马铃薯含有的维生素B₁能够提高代谢能力。马铃薯还能够提高免疫力，预防黑色素，而黑色素正是雀斑之源。

[薯类]

[日本名]	马铃薯
[英文名]	potato
[科·属]	茄科 茄属
[原产地]	南美洲
[美味时期]	10～次年2月
[主要营养成分]	碳水化合物（淀粉）、维生素B₁、维生素C、烟酸
[主要产地]	北海道/7月下旬～9月下旬
	长崎县/4～6月、11～12月
	鹿儿岛县/1月下旬～6月、12～次年1月
	茨城县/6～7月
	千叶县/6～7月

Good! 挑选小窍门

◎鼓起均匀

◎表皮光洁，芽附近没有变绿

◎没有外伤和萎蔫

切法

裸露面大小一致
更容易入味

对半切、十字切后再切小点很适合做炸土豆。注意根据需要选择合适的切法和大小，另外还要考虑到马铃薯的品种，如果是容易煮烂的品种就切大块点。

<对半切、十字切>

容易煮烂的马铃薯品种建议对半切即可，想要煮得快一点可以十字切成四块

<切丁、切块>

切成小方块形，在菜肴中也别有一番风味。适合做意大利式汤面

保存方法

保存在无光照
阴暗处

马铃薯十分便于存放，一次性多买也没有关系。存放时用报纸垫着，放在通风好的地方即可。马铃薯畏光，所以要放在阴暗处。马铃薯和苹果放在一起不容易发芽。

事前准备·烹饪要点

深度
去芽

不同品种的马铃薯加热后会有多种多样的变化。喜欢松软绵密的口感可以选择男爵和印加帝国之觉醒，喜欢黏黏的口感可以选择衣之光马铃薯等品种，不同品种的马铃薯一定要分开使用。煮马铃薯时，是冷水时就放进去煮，还是等水沸腾后再下马铃薯，要不要去皮再煮，最后的口感都是不同的，可以根据需要选择合适的煮法。

❶
深深地把芽挖掉

马铃薯幼芽中含有有毒物质茄碱，所以一定要完整去除。可以用菜刀一角在芽附近深深地转一圈挖掉

❷
马铃薯的加热窍门

根据需要选择合适的煮法。①马铃薯切块煮熟得快，带皮跟冷水一起煮口感松软。煮马铃薯的要点在于中火煮至水滚。②③要做出粉土豆（一种日本马铃薯料理）就切块煮

看看
芽周围

不同品种的马铃薯大小、形状均有不同，挑选时应选鼓鼓的、圆圆的、没有皱纹的一般不会出错。

马铃薯便于贮存，但时间长了芽附近就会发芽，然后蔓延开来，所以挑选时要注意芽附近的情况。如果马铃薯出现萎蔫和伤口，说明它的存储状况可能不是很好。不同品种和产地的马铃薯的保存能力也不尽相同，最好咨询一下卖家。

<外形>

鼓起均匀者为佳。一般而言比较沉的马铃薯淀粉含量多，做出来比较松软

<表面>

表皮光滑、曲线流畅。避开芽周围的皮发绿的马铃薯

马 铃 薯 的
品 种 多 样 性

秋

①

五月皇后

【上市时期】　9~12月

【特征】

五月皇后是大正末期从意大利传至日本的品种。长卵形，表皮淡黄色。加热后呈黏糊状。五月皇后和男爵、衣之光都是不容易煮烂的品种，适合做蔬菜牛肉浓汤（法国家庭菜肴）

【美味食法】

五月皇后不容易煮烂，很适合做煮菜类菜肴，比如味噌汤、咖喱、西式焖菜、蔬菜牛肉浓汤、关东煮等

②

男爵

【上市时期】　9~12月

【特征】

男爵是明治时代从意大利传至日本的品种。球形，略平，表皮淡黄褐色，肉白。肉粉质，加热后口感松软，适合做出粉土豆等菜肴

【美味食法】

最适合做油炸饼、出粉土豆、土豆泥，还可以不去皮做土豆黄油和烤土豆

③

衣之光

【上市时期】　9~12月

【特征】

以男爵为母种的改良品种，抵抗害虫能力强，主要在北海道栽培。表皮为泛白黄色，果肉呈黄色。容易煮烂，不过粉质是松软的

【美味食法】

口感松软，微甘，味佳。适合做土豆沙拉和油炸饼

④

印加帝国之觉醒

【上市时期】　11~次年2月上旬

【特征】

安第斯地区原产品种改良后的产物。个头小，可以整个料理。果肉深黄色，味道似栗、香。简单蒸食就很好吃，所以最近在日本很受欢迎

【美味食法】

适合做煮菜、油炸、沙拉、汤等各种菜肴。味甜，因此也适合做点心

星彩红宝石

【上市时期】 6~7月

【特征】

北海道品种改良尾声时开发的品种。表皮红色，果肉黄色。个头小，接近球形。肉质略粉，加热后跟男爵系马铃薯是一样松软的口感

【美味食法】

非常适合和油一起做菜。可以切块做炸土豆，也可以切薄片做炸土豆片，还可以做点心

影子皇后

【上市时期】 10~次年4月

【特征】

表皮和果肉呈深紫色，花青素含量是普通紫色马铃薯的3倍，具有抗氧化作用等健康功效。烹饪后不会掉色，很适合点缀菜肴

【美味食法】

肉质和五月皇后系一样是黏黏糊糊的，不容易煮烂，适合做煮菜和西式焖菜，也适合做土豆泥

雪莉

【上市时期】 10~次年2月

【特征】

法国品种，是法国料理不可缺少的细长形马铃薯。表皮带红色，名字来源于法国女性名字。没有涩味，适合做各种菜肴

【美味食法】

适合做各种菜肴，不容易煮烂的特点让雪莉尤其适合做蔬菜牛肉浓汤、西式焖菜和煮菜等

北方红宝石

【上市时期】 10~次年4月

【特征】

安第斯地区原产品种改良后的产物。含花青素，表皮带红色，果肉为接近红色的桃红色。加热后不会掉色

【美味食法】

肉质略黏，尤其适合炸土豆和煮菜

香菇

低卡路里
色香味浓

　　春秋季节，香菇自生于栲树、枹栎、栗子树、麻栎等阔叶树倒下的树上和残株上。香菇原产于中国和日本，直到室町时代日本才将香菇用于食用，直到江户前期才开始人工栽培。现在日本使用槲木进行香菇的人工培植。

　　香菇每年上市两次，秋香菇比较香，春香菇比较紧实。

　　菌菇类里除了香菇，比较有代表性的还有尤为富含维生素B_2的灰树花菌，比香菇的矿物质含量还高的金针菇，含有促进消化吸收成分黏蛋白的滑菇，以及浓香美味而极受欢迎的蟹味菇等。

　　不同品种的菌菇类营养成分会有些许不同之处，但它们都富含膳食纤维。菌菇类含有的膳食纤维多是不溶性的，所以它具有促进大肠蠕动、缓解及预防便秘的效果。

秋

[菌菇类]

[日本名]	椎茸
[英文名]	shiitake
[科·属]	光茸菌科　香菇属
[原产地]	中国、日本
[美味时期]	日本原木培植10～次年1月
[主要营养成分]	维生素B群、烟酸、钾、钙
[主要产地]	大分县/全年。9～11月为最盛期
	德岛县/全年
	岩手县/全年。原木为4～5月，菌床为9～10月
	宫崎县/11～次年3月
	群马县/全年（除夏季）

Good! 挑选小窍门

◎香菇没开伞，菌肉肥厚

◎菌柄粗短

◎菌盖颜色新鲜好看

香 菇 小 知 识

切法

根据需要确定合适的切法和切面的大小

香菇切薄片适合做很多菜肴；削片适合做煮菜，因为切面比较大，这样比较容易入味；切碎则适合做肉丸和调味汁。吃火锅的话可以在香菇伞面划十字花刀，这样煮起来容易入味。

<切薄片>

去菌柄，菌盖切成厚5毫米左右的薄片，这种切法适合做炒菜和煮菜

<竖切>

不需要去菌柄，直接竖着切，这种切法可以同时享受到菌柄和菌盖两种口感

保存方法

日晒香菇让保存能力和营养价值升级

香菇比较怕湿气，普通保存时菌盖朝下并列放，用报纸包好后放冰箱冷藏。常温可以存放2~3天。生香菇晒干后可以保存更久。

<晒干>

菌盖朝下放竹篓上，晒干多余水分

事前准备·烹饪要点

锁住美味至为关键

干香菇常用来煮鲜汁汤，可以想见它是有多么美味。处理香菇时为了避免其美味流失而不能水洗，而加热时将多个品种的蘑菇混在一起美味能加倍。生香菇晒干后排出了多余的水分，增加鲜味，而且日光的照射能够增加其维生素D的含量。

香菇不易保存，因此建议冷冻保存。解冻时可以直接下锅，这样美味不会流失。

❶

菌菇类严禁水洗

香菇这些菌菇类食物水洗后会因为吸收了水分而味道变淡，因此严禁水洗。清洗香菇上的污垢时可以用刷子或者厨房用纸，一般污垢容易藏在菌褶部，要多多留意这个地方

❷

种类搭配美味加倍

蘑菇种类非常多，而且不同蘑菇的口味也是各有千秋，把几个种类的蘑菇一起做菜会起到美味加倍的效果。①把香菇、蘑菇、蟹味菇切至合适大小；②快炒至香味溢出

挑选要点

没有开伞菌柄粗短

香菇变老后就会开伞，所以应当选择没有开伞且菌盖肉厚的香菇。

<整体>

没有花斑脏污，呈淡黄色，表面无湿气，有光泽

<菌柄>

菌柄直径在1~1.5厘米，粗短为佳

<菌褶>

菌褶张弛有力，有白膜者为上品

<不开伞>

盖檐朝菌柄紧紧卷着

香 菇 的

品 种 多 样 性

秋

平菇

【上市时期】 秋~初冬

【特征】

菌菇类中维生素B群含量较多的品种。平菇自古就作为食材，在《今昔物语》和《平家物语》中也有登场。在日本，平菇因形似手掌而得名，它在欧美被叫作"oyster mushroom"

【辨识方法】

菌柄有明显的筋

菌盖张开

菌盖灰色

山毛榉蟹味菇

【上市时期】 秋~初冬

【特征】

生长于山毛榉、榆树等阔叶树倒下的树上和残株上的品种。无异香异味，味道清淡口感好。蟹味菇的日文名是"しめじ"（占地），正是因为它繁盛到简直可以"占领地面"的程度

【辨识方法】

菌柄不透明

白色鲜明

菌盖膨胀

金针菇（白·黄）

【上市时期】 冬

【特征】

金针菇又叫"冬季的蘑菇"，维生素B$_1$的含量约是生香菇的1.5倍。金针菇口感好，适合火锅、汤菜等日式料理。黄金针菇是野生种的金针菇

【辨识方法】

紧紧的一捆

菌盖和菌柄的白色鲜明

菌盖伸展

④

杏鲍菇

【上市时期】 冬

【特征】
杏鲍菇原产于地中海地区，1993年日本从中国台湾引进培植。肉质细腻、爽滑、紧实。杏鲍菇的膳食纤维含量比香菇和蟹味菇都要高，很有嚼劲

【辨识方法】
菌褶延生
菌柄呈自然白色

⑤

蘑菇（白·黄）

【上市时期】 10~12月

【特征】
生食或加热后食用均可。白蘑菇易损伤，黄蘑菇不易损伤，除此之外二者的味道和成分没有差异。蘑菇菌柄较细，口感好，十分受欢迎

【辨识方法】
菌柄断面干净利落
菌盖浑圆而紧

⑥

灰树花菌

【上市时期】 秋

【特征】
过去只有野生的灰树花菌，所以它又被叫作"幻菇"，现在菌床栽培也能种植灰树花菌了。而且随着菌床栽培技术的进步，口味可比肩野生种的灰树花菌也出现在了市场上

【辨识方法】
茎部白色清晰明了
黑白部分分明

⑦

滑菇

【上市时期】 10~12月

【特征】
滑菇自生于山毛榉林。市场上销售的一般是包装好的滑菇，不过秋冬之际也会出售新鲜的。滑菇长时间加热会导致构成其美味和营养成分的黏滑物质减少，需要多加注意

【辨识方法】
滑菇颜色浓淡各异，但几乎不会有暗色
包装中没有湿气

南瓜

丰富的胡萝卜素
能够保暖、提高免疫力

南瓜大致有日本南瓜、笋瓜、西葫芦这几类。日本南瓜中有菊座南瓜和黑皮南瓜，笋瓜中有黑皮笋瓜和白皮笋瓜，西葫芦中有金丝瓜等品种。

日本南瓜原产于中亚，16世纪时随葡萄牙船来到九州。笋瓜是幕末时期从南美洲引进，在北海道等地开始栽培的一种蔬菜。松软的口感和甘甜的味道让笋瓜广受喜爱，现在市场上九成的南瓜品种都是笋瓜。

"冬至吃南瓜，活到九十八"，南瓜富含维生素E等多种营养成分，有利于促进血液循环，保暖身体。此外，南瓜还富含能够提高免疫力、保持肌肤和眼睛健康的胡萝卜素以及钾、维生素B_1、维生素B_2、铁质等。

秋

[黄绿色蔬菜]

[日本名]	南瓜
[英文名]	pumpkin、squash
[科·属]	葫芦科　南瓜属
[原产地]	中美洲（亚洲种、日本种）；南美洲（西洋种）
[美味时期]	10~12月
[主要营养成分]	碳水化合物、胡萝卜素、维生素C、维生素E
[主要产地]	北海道/7月中旬~9月中旬
	鹿儿岛县/11~次年1月、5月上旬~7月下旬
	茨城县/5~7月
	长崎县/6~8月
	千叶县/全年

Good! 挑选小窍门

◎蒂部干燥
◎外形鼓起饱满

南 瓜 小 知 识

切法

不同的菜肴和火势对应不同的切法

用作煮菜等最普遍的切法就是切块。做炒菜或者煎蛋卷的配菜、做汤可以切薄片。切丁太小，容易煮烂，最好在最后一道工序加到菜里。南瓜很难切的话可以先在微波炉里加热两三分钟。

<切瓣状>

把南瓜二等分或四等分切开后先把瓜籽和瓜瓤取干净，然后切成图示瓣状。适合嫩煎。

<切块>

适合所有菜肴，是最普遍的切法。尤其适合日式煮菜

保存方法

常温可保存2~3个月

整个南瓜常温下可保存2~3个月，而且在存放过程中淀粉会转化为糖质，变得更加甘甜。南瓜切后应把瓜籽和瓜瓤取干净，然后用保鲜膜把切面包好放入冰箱保存。当然南瓜还可以煮得比较硬后，或者煮熟后趁热捣烂后冷冻保存。

事前准备·烹饪要点

外皮坚硬、瓜肉柔嫩切勿加热过久

南瓜外皮坚硬，瓜肉却很柔嫩。加热太过瓜肉容易煮烂，所以要注意火的大小和加热时间。为了让坚硬的外皮更容易煮熟，可以用菜刀削去一些外皮，或者把南瓜块切口的边角刮圆。

南瓜煮得较硬或较软都可以冷冻保存。

❶

活用瓜籽和瓜瓤

南瓜的瓜瓤加入汤里会呈现鲜艳的黄色，不介意南瓜纤维口感的人可以尝试一下。瓜籽干燥后用平底锅炒也很好吃

❷

灵活处理坚硬外皮

南瓜不容易入味，建议把南瓜块切口的边角刮圆。①从蒂部附近的凹陷处下刀比较好切；②随意削去一些外皮；③为了避免南瓜煮烂可以把南瓜块切口的边角刮圆；④注意加热时间

蒂部干燥

南瓜最好吃的时候就是瓜肉没有水分变得比较粉的时候。要从外形上挑南瓜就得先看蒂部。瓜蒂呈木栓状，周围下陷的南瓜内就是干的。南瓜采收后会放1~2个月再拿出来卖，催熟后会更甘甜。

<瓜蒂>

瓜蒂切口20毫米左右，整体左右对称且肥大

<瓜肉>

南瓜切开后瓜肉颜色深且紧致的比较好

<瓜籽>

瓜籽饱满说明南瓜已经完全成熟，味道好

山药

拥有独特的口感
益于健康的蔬菜

　　山药（又称薯蓣）是长山药、日本山药（又称佛掌薯蓣、银杏芋等）、野山药等的总称。各类山药都富含淀粉酶等营养成分，在中国被作为草药使用，是很健康的食材。其独特的黏稠成分来自黏蛋白这一水溶性膳食纤维，有保护胃黏膜的作用，对于治疗胃溃疡等也有效果。此外，山药还含有消化酶——淀粉酶，有健胃功效。

　　山药中产量最大、流通量最大的是来自中国的长山药，长山药呈棍棒状，肉质细腻，吃起来很脆，口感独特。

　　日本山药呈扁平状，黏性强、个头小，使用起来非常方便。

　　日本历史最悠久的山药当数日本自生的品种野山药。野山药流通量很少，价格高，味道浓郁，常被用作礼物送人。

秋

[薯类]

[日本名]	山之芋
[英文名]	yam（总称）
[属]	薯蓣属
[原产地]	中国（长山药）、日本（野山药）、热带亚洲（参薯）
[美味时期]	10～12月
[主要营养成分]	碳水化合物（淀粉）、蛋白质、维生素B群、钾
[主要产地]	青森县/11月中旬～12月下旬、3月下旬～5月中旬
	北海道/主要是长山药：11月、3月中旬～5月上旬
	长野县/11～12月、3～4月，全年均有上市
	群马县/全年
	千叶县/全年

Good! 挑选小窍门

◎山药皮干净

◎粗细匀称

◎粗短紧致

山 药 小 知 识

切法

▼

根据需要选择
用刀或切片器

山药的切法有很多种，可以根据所需口感和用途来选择。生山药去皮后切丝适合做沙拉，切圆片可以两面煎或者做焗菜。还可以用切片器，切片器能同时满足多种切法，非常方便。

<切圆片>

切至合适的厚度，还可以对半切或者十字切

<切丝>

去皮切丝。适合做醋拌凉菜、酸梅拌凉菜等日式凉拌菜

<切片器>

切片器同时能满足多种切法，非常方便

保存方法

▼

切开的山药
用保鲜膜或报纸包好

山药不耐光、水，而且容易受伤，最好尽快食用掉。完整的山药可存放一周，切开后的山药仅能存放一两天。切开的山药需要用保鲜膜包好切ါ，然后放入冰箱保存，当然用报纸包更好。

事前准备·烹饪要点

▼

不同的加热方法
带来不同的口感

山药生食和加热后的口感不同。山药做嫩煎、煮菜、油炸菜肴时吃起来是松软热乎的薯类口感。山药富含消化酶，消化酶不耐长时间加热，需要多加注意。

一般做山药泥多用长山药，因为长山药水分多，不需要另加汤料拌也有黏稠的口感。

❶

用醋水去黏液

山药去皮后黏液会渗出来，有些人碰到山药的黏液手会发痒，所以处理山药时可以在醋水里，这样就不太会觉得痒，而且醋水还能去掉山药的黏液

❷

简易山药饼做法

山药泥和面粉混合后煎一下就能做成山药饼，可以蘸酱油、蛋黄酱等调料食用。①山药碾成泥，加入适量面粉；②③平底锅热油煎饼，两面煎至图示微微焦黄即可

挑选要点

不能有黑色

购买整根山药时要挑粗细均匀且沉甸甸的那种。

<表面>

不要选表面凹凸不平和须毛根部发黑的

<粗细>

粗细均匀且表面紧致的山药味道比较好

<切面>

切面没有变色和斑点，水分多且新鲜

<日本山药>

日本山药要选没有斑点、鼓起圆润的

芋头

高钾低卡路里
还能做吉祥物

　　山药是在山里采收的，芋头是在田里采收的，相应地，日文中的山药就是"山の芋"，芋头是"里芋"。芋头原产于中国和印度、马来半岛的热带地方，日本自古以来也有栽培，而且八头芋等品种还常常作为吉祥物出现在喜庆的宴席上。芋头等球形材料有一种名为六方形剥皮法的剥皮方法，即切掉上下部分，将其断面剥为正六角形，这样切好的芋头形似龟甲，正月必备。

　　芋头的生叶柄叫芋头茎，日本对生叶柄和干燥后的叶柄叫法不同，不过这两种状态下都可以食用。芋头茎的种类有青茎和红茎，还有只有叶柄供食用的大野芋。

　　芋头是薯类蔬菜中能量最低、钾含量最高的。芋头去皮后渗出的黏液是水溶性膳食纤维半乳聚糖和黏蛋白。半乳聚糖和黏蛋白有预防高血压、保护黏膜、调养胃肠等作用。芋头的涩味来自草酸钙。

　　芋头品种很多，8月至12月人们可以享用到不同产地、不同品种的芋头。

秋

[薯类]

[日本名]	里芋
[英文名]	taro
[科·属]	天南星科　芋属
[原产地]	印度东部～中南半岛
[美味时期]	10～次年2月
[主要营养成分]	碳水化合物（淀粉）、维生素B群、钾、膳食纤维
[主要产地]	千叶县/8～12月
宫崎县/5～6月下旬	
埼玉县/10～次年3月中旬	
鹿儿岛县/4～次年2月	
栃木县/10～11月	

Good! 挑选小窍门

◎外形圆润

◎横切面纹理好看

芋 头 小 知 识

切法

小芋头
不切也可

根据需要，大芋头的切法有很多种，基本上可以切圆片、切半个、切四份。在日本的正月，为了讨个好彩头，会把芋头切掉上下部分，将其断面剥为正六角形，这种装饰性切法叫作六方形剥皮法。当然，个头比较小的芋头不用切，去皮后可直接料理，也可以不去皮蒸，做衣被芋头（连皮煮或蒸的芋头，趁热剥掉皮蘸盐的吃法）。

<切圆片>

剥皮后切成厚1厘米左右的圆片。适合煎炸或焗烤

<六方形剥皮法>

保留芋头的圆润，切掉上下部分，将其断面剥为正六角形

保存方法

湿度管理是
保存的关键

保存芋头时，最重要的就是避免过湿或者过干的环境。用湿的报纸将芋头包好放在通风好的阴暗处即可，不需要放入冰箱。如果芋头已去皮，需要用保鲜膜一个个包好，最好尽快食用。

事前准备·烹饪要点

黏滑亦美味
随需好利用

一般处理土生型蔬菜都是先用水冲洗，用刷子等工具把附在蔬菜上的土洗刷干净，然后把头尾纤维质较硬的部分切掉。芋头水煮的话则需要当天食用。

把芋头去皮或者切开后，渗出的黏滑汁液其实是水溶性膳食纤维半乳聚糖和黏蛋白，它们是构成芋头美味与营养的组成部分，可以利用好这一点来做炖菜。当然也可以去除黏滑，做得比较入味。

❶

煮后将水倒出
口感就会改变

芋头煮过后，其黏液就会流到汤汁里，把这些汤汁倒掉再料理芋头，其口感就会很棒。如果不把汤汁倒掉，其黏滑感就会残留，口感黏稠

❷

芋头的巧妙去皮法

芋头黏滑且纤维多，并不好去皮，要掌握点小技巧才行。①切掉头尾5毫米左右的部分（尤其是纤维多、筋多的部分）；②按从头到尾的方向剥皮就能去得很干净

1 **2**

带皮圆润
则为良品

带皮的芋头口感、风味俱佳。不要选择尾部有多余的皮或者发霉了的，抑或闷在塑料袋里的芋头。挑选自古食用的一般性品种芋头时，要选择条纹清晰，外形圆润的。如果芋头尾部发软，说明已经不新鲜了，不能选这种芋头。

去了皮的芋头基本上要在当天内使用掉。

<整体>

外形浑圆的芋头比较好吃，料理起来也方便

<塑料袋装>

挑选塑料袋装的芋头时，要选择袋子里没有水汽且芋头没有发霉的

<横切面>

选择横切面或者剥皮后的表面呈清爽白色、不浑浊的芋头

大蒜

病毒也能击退的强大蔬菜！

    大蒜原产于中亚，公元前2世纪传入中国，平安时代经由朝鲜半岛传至日本。据说大蒜作为食物开始普及是第二次世界大战之后的事情。

    日本国产的大蒜几乎都产自青森县，栽培最多的品种是白皮六瓣和壹州早生。一般我们食用的是地下茎肥大的部分，此外还有嫩叶供食用的大蒜叶和嫩茎供食用的蒜薹。

    大蒜有助于旺盛精力是因为其维生素B_1含量丰富，而且大蒜强烈的刺激气味和辛辣成分大蒜素与维生素B_1相结合产生的蒜硫胺素更有助于维生素B_1的吸收。大蒜加热后，其成分蒜氨酸酶就会失去活性，转而散发出独特的香味，渐渐有甜味出来。

    药效方面，大蒜具有很好的杀菌效果，常用于抵御感冒等病毒的侵袭。大蒜还有助于健全消化功能，让血液流通更顺畅。大蒜还富含硫和磷，具有卓越的缓解疲劳、强壮滋养之功效。

秋

[浅色蔬菜]

[日本名]	大蒜、蒜
[英文名]	garlic
[科·属]	百合科 葱属
[原产地]	中亚
[美味时期]	11~12月
[主要营养成分]	碳水化合物（淀粉）、蛋白质、维生素B_1、磷
[主要产地]	青森县/6月下旬~7月中旬
	香川县/4~7月
	岩手县/7~8月
	德岛县/5月中旬~6月
	和歌山县/4月下旬~5月中旬

Good! 挑选小窍门

◎选干燥的

◎鼓起均匀

大 蒜 小 知 识

切法

按需选择
合适的切法

要让食材完全染上大蒜的风味与香味，就要把大蒜切碎混在食材里。大蒜的香味转移到油里后想要把大蒜挑出来的话就建议把大蒜切薄片，这样方便取出。

<切薄片>

将大蒜切成1.5~2毫米厚的薄片。适合做需要把香味留在油或食材中的菜肴

<切碎>

适合加到炖菜和调味汁中。这种切法能够完全提出大蒜的浓香美味

保存方法

干燥
保存

大蒜买来后放在通风处保存即可，要用时就一瓣瓣掰下来。大蒜不耐湿气，所以别放在冰箱里，可以拿网袋装着吊起来，让它保持干燥是最好的。

事前准备·烹饪要点

独特芳香
善于提味

一般大蒜切碎后用热锅炒，这样其芳香就会转移到油里。炒大蒜时容易焦，最好小火慢炒。用自动食品加工机来切大蒜的话可以调节其切至所需的大小。大蒜很适合切细碎用在拍鲣鱼和烤肉里提味。

生大蒜香味刺鼻，但加热后就会散发出温和的芳香。大蒜并不仅仅只能用作佐料，它自身就是一道佳肴，推荐蒸一下做腌菜。

❶

大蒜油做法

把大蒜切碎后用油浸泡两三天，这样方便日后使用，可以省去每次要用大蒜时还得切碎再油爆的麻烦。加一点朝天椒味道会更好。推荐用芝麻油和橄榄油浸泡

❷

多下来的大蒜做腌菜吧

如果有多余的大蒜，可以做腌菜，这样存放起来又方便，还能用在其他菜肴中。①剥皮，蒸3~4分钟或者用微波炉加热；②酱油放糖，腌渍。除了放糖，放蜂蜜、味噌、梅肉、油来腌渍也是很美味的

1

2

挑选要点

皮白干燥
个头要大

挑选大蒜时最关键的就是看它干不干燥。拿手上看下大蒜尾部干不干，但是太过干燥以至于出现裂缝的也不行。俗话虽说"六瓣儿好"，不同的品种毕竟不能一概而论，选择蒜瓣鼓起均匀的即可。

别发了芽的大蒜，还有状态不太好的大蒜，比如表面已经变色的。

<尾部>

挑大蒜时记得看下尾部。尾部干燥是最理想的保存状态

<整体>

每一片蒜瓣都鼓起均匀的大蒜味道会比较好，处理起来也很方便

芝麻菜

克娄巴特拉七世也食用的
美容效果出众的草药

芝麻菜是近年来十分受欢迎的一种草药，它的嫩叶可做沙拉，属于嫩叶菜的一种。芝麻菜具有类似芝麻的独特香味和刺激辛味，越成熟其苦味越重。

据说因为人们相信芝麻菜具有春药的效果，所以自罗马帝国时代起就有栽培，但实际上芝麻菜的普及是20世纪90年代之后的事情。芝麻菜是随着意大利料理一起被引进日本的，所以日本人更熟悉它的意大利名。

市场上销售的芝麻菜主要是水耕栽培的，不过秋冬季节露地栽培的芝麻菜也有上市。一般芝麻菜只能长到十几厘米，只有秋天的芝麻菜能长到菠菜那么大，且香味浓郁。根据喜好和料理的种类可以选择是用水耕栽培还是露地栽培出的芝麻菜。

芝麻菜的维生素C的含量是菠菜的4倍，钙含量是青椒的30倍，铁含量可与长蒴黄麻媲美，而且它还含有对美容有效的营养成分。据说就连古埃及的克娄巴特拉七世为了美容都在食用芝麻菜。

[浅色蔬菜]

[日本名]	黄花莱菔
[英文名]	rocket salad
[科·属]	十字花科　芝麻菜属
[原产地]	地中海沿岸
[美味时期]	11~12月
[主要营养成分]	维生素C、维生素E、钙、铁
[主要产地]	熊本县/全年
埼玉县/全年	
福冈县/几乎全年（除夏季）	
千叶县/全年	
静冈县/全年	

Good! 挑选小窍门

◎ 菜叶没有枯萎

◎ 有生气且润泽

芝 麻 菜 小 知 识

切法

独特的芳香与风味
是菜肴的亮点

芝麻菜一般生食，放在刚烤出来的比萨或焗菜上点缀时，可以先把芝麻菜切或撕至合适的大小。芝麻菜还可以用自动食品加工机切碎，加橄榄油、盐、胡椒做成调味汁。

<切大份>

适合做沙拉或者放在刚烤出来的比萨上做配菜。不需要用菜刀，手撕即可

<切碎>

用菜刀剁碎，香味就出来了。需要量大的话用自动食品加工机比较方便

保存方法

带根
存放

带根的芝麻菜比较耐放，可以用湿的报纸或厨房用纸包住根部，上部则用塑料袋包好。如果能放在一个盛水的空瓶里，水没过根部的话可以保存得更久。

事前准备·烹饪要点

适合有大蒜的菜肴
与乳制品是绝佳搭配

芝麻菜是随着意大利料理的普及而逐渐有人气的蔬菜，非常适合加在有大蒜提味的意大利面等意大利本土料理中。

芝麻菜香味浓郁，与奶酪等乳制品是绝佳搭配。此外，芝麻菜和爽口的番茄搭配也很出彩。

❶

搭配番茄与奶酪
做色彩鲜艳的沙拉

①将芝麻菜撕成合适的大小；②奶酪和番茄切至合适的大小，加盐、胡椒、芝麻油搅拌，加入撕好的芝麻菜

❷

芝麻菜汁的做法

有自动食品加工机，轻轻松松就能做出芝麻菜汁，用在肉菜里十分美味。①用自动食品加工机把芝麻菜切碎；②加橄榄油、盐、胡椒等调味；③拌在意大利面里

挑选要点

看看
根茎叶

别选茎呈半透明的芝麻菜，应当选茎有张力且润泽，叶呈淡绿色且水灵的芝麻菜。发黄、发蔫、枯萎的菜叶说明香味和营养都流失了，不能选。

市场上销售的芝麻菜主要是水耕栽培的，不过秋冬季节露地栽培的芝麻菜也有上市，看根部就能分辨出是哪种栽培方法，根部带土的就是种植在田地里的露地栽培，露地栽培的芝麻菜味道、香气均很浓烈。喜欢不那么刺激的味道的话就选水耕栽培的芝麻菜。

<茎叶>

茎有张力且润泽，没有出现半透明状态。叶呈淡绿色，没有枯萎或变色

<水耕与露地>

水耕栽培（右）与露地栽培的芝麻菜。依喜好和料理种类选择买哪种。根部带土的是露地栽培的芝麻菜

胡萝卜

预防疾病效果较好
叶子勿扔也可利用

　　胡萝卜原产自阿富汗北部。胡萝卜可大致分为10世纪由阿富汗西传的欧洲生态型和通过丝绸之路东传的亚洲生态型。江户时代初期，亚洲生态型胡萝卜从中国传入日本，江户时代后期，欧洲生态型胡萝卜通过长崎进入日本。明治时代之后，胡萝卜在日本普及，欧洲生态型成为主流。亚洲生态型胡萝卜不易栽培，故现在市场上只有关西出品的金时胡萝卜。

　　现在市场上流通的胡萝卜品种主要是橙色和红色的，不过在胡萝卜的原产地，有白色和黄色、红紫色、黑紫色等各种颜色的品种，最近日本也开始栽培这些品种并上市了。

　　胡萝卜富含具有抗氧化作用的胡萝卜素，具有防癌、预防动脉硬化、预防心脏病等疾病的效用。此外，胡萝卜还富含维生素C和钾、钙等营养成分。但是胡萝卜的根部含有一种名为抗坏血酸氧化酶的酶，这种酶具有分解维生素C的作用，所以最好避免生食根部，或者与含酸的食物一起食用。

秋

[浅色蔬菜]

[日本名]	人参
[英文名]	carrot
[科·属]	伞形科　胡萝卜属
[原产地]	阿富汗北部
[美味时期]	11～次年2月
[主要营养成分]	胡萝卜素、维生素C、钾、钙
[主要产地]	德岛县/3月中旬～6月中旬
	千叶县/4～7月
	青森县/6月下旬～7月下旬
	长崎县/3～6月
	茨城县/6～7月

Good! 挑选小窍门

◎叶子断面小

◎蒂部紧直，小刺尖尖

切法

纤维全斩断
斜切口感好

切圆片适合做各种菜肴，再对半切的半月形切法和在圆片的基础上十字切4块的银杏形切法比较容易煮熟。把胡萝卜斜切成薄片后再切丝，纤维就都断了，这样口感会很好。

<切块>

把胡萝卜切成瓣后割出橄榄球形。这是用于制作蜜饯胡萝卜的传统型装饰切法

<斜切丝>

把胡萝卜斜切成2毫米厚的薄片后，把薄片叠在一起就可以切丝了。切丝后胡萝卜的纤维口感没有切圆片时的重

保存方法

保存方法
把叶子摘掉

带叶胡萝卜虽是良品，保存时还是得把叶子切掉。带土的胡萝卜需用报纸包好放在通风好的地方存放。不带土的胡萝卜不耐湿气，需要把表面水分擦拭干净后放到塑料袋里存放在冰箱中。

事前准备·烹饪要点

用酸抑制酶
宜带皮食用

胡萝卜的果肉靠近皮的部分味道比较浓，中间反而不怎么甜，所以推荐做菜时不要去皮。如果不喜欢胡萝卜皮的话，就用削皮器把皮薄薄地削掉。有些季节能买到带叶子的胡萝卜，叶子也能拿来做腌菜，还可切碎后小炒食用。

胡萝卜虽然含有会破坏维生素C的酶，但加热后酶的活性就会降低。

1

不去皮处理

一般胡萝卜在发货前会有一道洗净的工序，这道工序后胡萝卜皮就变薄了，所以买了胡萝卜只要水洗一下就足够。把胡萝卜斜切后再切细丝，这样就吃不到纤维的口感了

2

有效摄取维生素C

生胡萝卜含有能够破坏维生素C的酶，如果要跟富含维生素C的西蓝花、萝卜这种蔬菜一起做菜的话则须多加注意。①切好食材；②把食材混合在一起；③酸具有抑制酶活性的效果，可以加点柠檬或者含醋的调味汁

带叶子是
刚采摘的证据

带叶子是胡萝卜刚被采摘的证据，而带土的胡萝卜在营养、风味和耐放性等各个方面都是最好的。不过买回胡萝卜后，为了避免叶子把养分吸走，需要把叶子切掉。挑选不带叶子的胡萝卜时要看看切掉叶子的断面，选择断面比较小的；如果这个断面太大，说明胡萝卜的养分很有可能都被叶子给吸走了。

有的品种本身就很红，一般来说表面比较红且紧绷的就是良品。

<叶子的断面>

跟胡萝卜整体的大小粗细相比，叶子的断面比较小的说明心比较细，这种胡萝卜的肉比较嫩

<表面>

表面的红色自然，没有色斑。一般在日本，胡萝卜发货前都会先洗净，这样它的皮就变薄了，买回去做菜时不需要去皮可直接使用

番薯

从菜肴到酿酒
无所不能的万能蔬菜

公元前3000年之前，中美洲就开始栽培番薯，15世纪末哥伦布把番薯带到了西班牙。1600年左右，番薯从菲律宾传至中国福建，再经由琉球传入鹿儿岛，成为萨摩的特产品。

番薯不挑环境，易栽培，因此，为了应对饥荒问题，日本政府十分鼓励种植番薯，据说明治时期仅鹿儿岛的番薯种类就有数十种。现在，番薯进行了品种改良，市场上比较常见的有甘味强且红皮的红东番薯和鸣门金时番薯。此外，用来制作烧酒、点心的工业原料用和饲料用品种也很多。

在营养成分方面，番薯最引人注目的是其膳食纤维的含量。与其他薯类食物相比，番薯的膳食纤维含量尤其突出，且维生素C含量也很高。番薯能够促进大肠的蠕动，还有助于抑制胆固醇值的快速升高，番薯皮还富含钙元素。贮藏后的番薯甜味较之刚挖出来的更甚。

秋

[浅色蔬菜]

[日本名]	甘薯、琉球芋、唐芋
[英文名]	sweet potato
[科·属]	旋花科　番薯属
[原产地]	中美洲
[美味时期]	11～次年2月
[主要营养成分]	碳水化合物、维生素C、钾、膳食纤维，黄色果肉的番薯还含有胡萝卜素
[主要产地]	鹿儿岛县/5月中旬～11月下旬，极早收：5月中旬～7月上旬，早收：7月中旬～8月下旬，正常收：9月上旬～11月下旬
	茨城县/9～11月
	千叶县/8月下旬～10月下旬
	宫崎县/5月下旬～10月下旬
	德岛县/6～9月

Good! 挑选小窍门

◎表皮颜色鲜艳

◎断面处有甜液渗出则甘味强

番 薯 小 知 识

切法

带皮切可享受斑斓趣味

番薯最基本的切法就是切圆块。想让番薯比较易熟或者想切出比较小巧可爱的造型的话，可以在圆块的基础上对半切成半圆形。此外还可以竖着对半切成船形，这样可以往里面塞其他食材。

<乱切块>

随意切成小块适合做拔丝红薯或炒菜。带皮切颜色会很好看，而且做菜时不容易变形

<切半月形>

在圆块的基础上对半切成半月形。易熟，但比圆块形容易煮烂

保存方法

放在通风好的地方存放

整个的番薯可以放在通风好的地方常温存放，因为番薯不耐寒，所以不要放进冰箱。番薯大约可保存两周，最好尽快食用完。

事前准备·烹饪要点

想做出最佳口感的煮食就要厚厚地削去表皮

番薯可以带皮料理，不过做煮菜时如果只需要中间的薯肉，就得将其表皮厚厚地削掉，表皮内侧的黑筋不得有残留。不同品种番薯的筋扎入薯肉的深度不同，一般是表皮内侧往里几毫米，有的品种甚至看不到有筋。

番薯涩味较重，需要大量切番薯时，最好切完就立即浸在水里，可以预防变色。

❶

让番薯更甘甜的方法

想要做出十分甘甜的番薯，就要低温慢慢加热，这样淀粉就会转化为糖分。高温短时间加热是无法提炼出甘薯的甘甜的，所以最好小火慢慢加热。用微波炉加热或蒸也是同理，低温慢慢加热就能做出好吃的番薯

❷

把皮厚厚地削去做小吃

番薯表皮内侧有黑筋，只需要中间薯肉部分时，就要连皮带筋削掉。番薯皮可以油炸食用噢。①找到表皮内侧带筋部分，厚厚地削去表皮；②油炸，撒糖

挑选要点

检查表皮和断面

挑选番薯时，要先看表皮。表皮无斑且颜色均匀为佳。选择毛孔不明显且表面没有伤的番薯。整体粗细均匀，这样受热均匀，做菜会比较方便。

其次要看番薯两头的断面。番薯一般从断面坏起，所以要挑断面没有枯萎的。有蜜液渗出的番薯会比较甘甜美味。

<表皮>

表皮颜色鲜艳，毛孔不深，不明显。确认没有伤口和斑点

<断面>

断面一周如果出现皱起，说明已经烂了，不能选这样的番薯。有蜜液渗出且较硬的番薯会比较甘甜美味

莲藕

养护肝、胃健康的伙伴

奈良时代初期，莲藕作为观赏用植物从中国引进日本。明治时代以后莲藕才作为食物开始栽培。现在日本的莲藕有本地种和中国种，但本地种的茎细且埋在土壤深处，不易收获，现在仅存于东海地区。目前市场上的主流品种是中国种的备中和杵岛。

莲藕的主要成分是碳水化合物，能够为身体提供能量，暖身。通常维生素C并不耐热，但在莲藕富含的淀粉的作用下，加热后依然留有维生素C，有缓解疲劳等效果。

莲藕还含有促进铁质吸收的维生素B$_{12}$和造血的维生素B$_6$，有预防贫血和帮助肝脏机能运转的作用。藕断丝连，这"丝"就是纳豆、秋葵、芋头中也含有的黏蛋白。莲藕还有助于保护胃壁，促进消化。

在日本，如果透过一根莲藕的小孔能看到另一头，这根莲藕就会被视为吉兆。

秋

[浅色蔬菜]

[日本名]	莲根
[英文名]	lotus root
[科·属]	睡莲科　莲属
[原产地]	中国
[美味时期]	11～次年2月
[主要营养成分]	维生素C、钾、铜、膳食纤维
[主要产地]	茨城县/全年
德岛县/全年	
爱知县/10～次年5月	
山口县/8月下旬～12月	
佐贺县/8～次年2月	

Good! 挑选小窍门

◎表面无伤口和黑斑
◎颜色微黄

莲　藕　小　知　识

切法

▼

厚薄均可的藕片
庆祝会上的花形

　　垂直将纤维切断就没有纤维的口感，吃起来就很酥软。根据需要可以切出合适厚度的藕片，做筑前、炖鸡等煮菜时，可以乱切成小块，这样比较入味；做新年菜肴时可以把醋藕切成花形。

<切藕片>

薄藕片适合做凉拌菜和沙拉，厚藕片适合做炖菜和油炸。

<切花形>

切成2毫米厚的藕片后，沿着小孔边缘切成花形，之后再切薄

保存方法

▼

用保鲜膜包好
10℃以下冷藏保存

　　把莲藕一节一节切好，浸过水后沥干去除水分，用保鲜膜或湿的报纸包好冷藏保存。断面处也必须用保鲜膜包好。

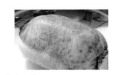

<补充水分>

把莲藕一节一节切好，冷藏保存前浸1分钟水

事前准备·烹饪要点

▼

醋水去涩味
加热后口感改变

　　莲藕涩味很重，要做沙拉等生食的话，切后需立刻放入醋水里，这样可以防止变色。加热后食用的话就无须去涩味。莲藕浸过醋水后口感就会变脆，因此想要黏糯的口感就不要浸醋水。

　　莲藕富含的淀粉质加热后会更黏，做团子或者和猪芽花淀粉混合后烤制都很好吃。

....

①

浸醋水，防变色

莲藕的切口会变色是丹宁的作用，并不会影响品质和味道。但是要做沙拉或者煮食时，希望菜肴看起来好看点，就需要切下莲藕后马上放在水或醋水里以防变色，这样口感也会很脆

....

②

晒干后清炸

把莲藕切成1.5毫米厚的藕片后晒干，这样甘味就会浓缩。油炸后可做小食。①莲藕切薄片后晒干；②中温，油炸，撒盐

1

2

挑选要点

莲藕易伤
注意黑斑

　　市场上的莲藕多为水煮过或冷冻的半成品，不过生莲藕的味道可是格外好。

　　莲藕在运输过程中容易损伤和留黑斑，从伤口处就会发烂，挑选时要选择没有伤口和黑斑的。整体颜色微黄、粗直为佳。呈现不正常的白色则有可能是漂白过的，这种莲藕不能选。

<表面>

呈现不正常的白色则有可能是漂白过的，这种莲藕不能选

<藕节>

一节莲藕的两端有藕节为佳。上手感觉一下硬不硬，是否紧绷

<孔>

断面呈自然清亮的白色，孔的大小一致为佳

牛蒡

入药蔬菜

牛蒡广布于地中海沿岸至西亚、西伯利亚和中国。平安时代的书籍中有牛蒡从中国传至日本的记录。

牛蒡富含膳食纤维，自古以来都作药用，主解毒、解热、镇咳之效。牛蒡独特的风味和口感让它在日本大受欢迎，其去鱼肉腥臭之功效也是家喻户晓。

牛蒡的品种可分为长根种和短根种，长根种有泷野川、渡边早生、中宫、砂川，短根种有大浦、萩等。京野菜中有名的堀川牛蒡就是将生长过程中的长根种泷野川牛蒡拔出来重新种植一次而来的。

在营养成分方面，牛蒡富含一种碳水化合物旋覆花素和纤维质中的纤维素、木质素，具有通便整肠之效用，还有助于预防癌症。此外，牛蒡还具有抑制肠内恶玉菌增长的作用。

秋

[浅色蔬菜]

[日本名]	牛蒡
[英文名]	edible burdock
[科·属]	菊科　牛蒡属
[原产地]	欧亚大陆北部
[美味时期]	11～次年2月
[主要营养成分]	碳水化合物、维生素B群、钾、膳食纤维

[主要产地]　青森县/8月下旬～12月中旬

茨城县/12～次年3月

北海道/8月中旬～11月下旬，春收：4月上旬～5月中旬

千叶县/全年

宫崎县/7～次年3月下旬

Good! 挑选小窍门

◎粗细均匀

◎两端无枯萎

◎绿色深，有光泽且紧绷

切法

在切法上下功夫
让你吃不出纤维的口感

做煮菜时可以采用斜切、乱切这种可以增大牛蒡表面积的切法。主要用来做金平牛蒡的切法——削小薄片和切丝的实用性也很强，炒制的口感也是脆脆的。用削皮器削小薄片很方便。

<斜切>

适度将纤维切断可以产生适中的口感。这种切法增大了断面表面积，适合做很入味的炖煮菜

<削小薄片>

边转动牛蒡，边像削铅笔一样削出小薄片

保存方法

保存诀窍在于土

用湿报纸包好带土的牛蒡，立着放在阴暗处保存。如果太长了就切到适合存放的长度，再用土裹住切面。保存用了一半的牛蒡时得用保鲜膜包好冷藏保存，建议尽快食用完毕。

事前准备·烹饪要点

根据喜好选择
加热方法

处理牛蒡的关键在于其涩味和皮。把切好的牛蒡浸在水或醋水里就能去涩味，不过最近市场上的牛蒡已经没什么涩味了，何况这种涩也是组成牛蒡风味的一部分，建议不要浸泡太长时间，5~10分钟即可。

牛蒡皮有独特的风味和香味，不要切掉太多，用刷子或菜刀背、揉成一团的铝箔纸将皮摩擦掉即可。皮不要磨得太干净，还能享受到牛蒡原生的风味。

❶

用擀面杖等工具破坏纤维

用擀面杖等工具捶牛蒡能破坏其纤维，这样牛蒡更容易入味。做芝麻拌菜和煮菜时，味道就会从裂缝进入内部，非常好吃。柔嫩的新牛蒡这么处理也会非常美味

❷

切后立即放入醋水中

牛蒡的涩味来自多酚，它虽然具有去除鱼肉腥臭的功效，但容易变色，所以牛蒡切开后总是很快就开始变色。需要处理大量牛蒡时，最好浸在醋水里去除涩味。①切牛蒡；②切后立即放入醋水中

1

2

挑选要点

粗细均匀
笔直

带土的牛蒡不论是新鲜程度还是味道都很好，也很耐放。粗细均匀，表面硬而紧实为佳。拿手上感受一下，如果不紧实且没有水灵灵的感觉的话，说明这个牛蒡已经没有水分了。

新牛蒡和刚收获的牛蒡涩味少，有香味，一定要好好利用这个优点。

<粗细>

从根部到顶部，粗细尽量均匀，表面硬而紧实

<顶部>

顶部枯萎或出现裂缝则说明已经不新鲜了，不要选这样的牛蒡

<弹力>

触摸牛蒡感受一下是否有弹力且紧实，须根少的牛蒡味道比较好

这是一份幸福烹饪法，教你简简单单就能提炼出蔬菜的美味

秋季蔬菜烹饪法

温柔抚慰夏季疲累
身体的秋季蔬菜。
桌上放有用菌菇和薯类
做成的菜肴
让你感受丰收的季节。

秋

莲藕菌菇焗菜

蔬菜、白沙司、芝士，三者结合的美味。
用上各种菌菇，享受秋天的味道吧。

材料（2人份）

- 杏鲍菇……1根
- 蘑菇……4个
- 蟹味菇……半包
- 灰树花菌……半包
- 莲藕……150克
- 橄榄油……1大匙

- 葱……100克
- 低筋粉……4大匙
- 无调整豆浆……2杯
- 自然盐……适量
- 胡椒……适量
- 熔化了的芝士……适量

做法

1. 杏鲍菇、蘑菇切薄片，蟹味菇、灰树花菌择好。
2. 莲藕切成厚5毫米的藕片，煎锅里放大半匙橄榄油，将藕片适度煎一下，煎好后盛盘，再炒步骤1中处理好的菌菇，加少许盐和胡椒，炒好后盛盘。
3. 煎锅里倒入剩下的大半匙橄榄油，小火炒葱花，香味出来后加低筋粉继续炒制。
4. 加豆浆，沸腾后加盐和胡椒，下藕片和菌菇，翻炒。
5. 用焗碗装好步骤4中处理好的食材，加入熔化好的芝士，烤至出现焦黄。

莲藕的好口感也是它魅力的一部分，煎好的藕片口感好，有甘味，更加好吃。注意火候，不要煎焦了，两面都要煎好。

菜谱 2

胡萝卜浓汤

小火慢炒胡萝卜是关键。
保留胡萝卜淳朴原味的一道好汤。

材料（2人份）

- 胡萝卜……80克
- 洋葱……50克
- 橄榄油……1小匙
- 麦片……1大匙
- 鲜汁汤……150毫升
- 无调整豆浆……220毫升
- 自然盐……1/4～1小匙
- 胡椒……适量
- 大麦酱……半小匙
- 欧芹……适量

做法

1. 胡萝卜、洋葱切丝。
2. 下橄榄油，炒洋葱。洋葱炒软冒出香气后下胡萝卜继续炒。
3. 下麦片和鲜汁汤，调至中火，沸腾后改为弱火，盖上锅盖煮约15分钟。
4. 把步骤3中的食材放食品加工机里搅碎后回锅，倒入豆浆，开弱火。温热后加1/4小匙盐，此时可以尝一下咸淡以调整。
5. 放胡椒，关火，加入大麦酱。
6. 盛起，撒些欧芹点缀。

洋葱、胡萝卜弱火炒制。弱火炒的洋葱甘味会出来，味道会很好。富含β-胡萝卜素的胡萝卜和油一起摄取有助于提高维生素A的吸收率

蒸薯炸丸子

可以享受到马铃薯和南瓜两种风味的炸丸子。
趁热将马铃薯和南瓜捣成泥是关键。

马铃薯和南瓜蒸好后趁热捣成
泥。不要捣得太细，最好保留一
些食材的口感。薯类食物不趁热
处理的话会变硬，之后就很难再
捣成泥了

材料（2人份）

土豆金枪鱼炸丸子
- 马铃薯……200克
- 洋葱……50克
- 金枪鱼罐头……1罐

南瓜炸丸子
- 南瓜……240克
- 洋葱……50克

- 自然盐……适量
- 胡椒……适量

A [
- 低筋粉……40克
- 水……80毫升
]

- 面包粉……适量
- 煎炸油……适量
- 甘蓝……适量
- 柠檬……2片
- 欧芹……适量

做法

1. 把所有洋葱切碎，用煎锅加水翻炒。弱火炒至香味溢出。
2. 蒸马铃薯和南瓜，分开盛放，趁热捣成泥。
3. 土豆泥中加入一半炒好的洋葱、金枪鱼（沥掉罐头里的汁水）、盐和胡椒，搅拌。
4. 南瓜泥中加入剩下的一半洋葱、盐和胡椒，搅拌。
5. 将A部分材料搅拌好。
6. 将步骤3、4中的土豆泥和南瓜泥捏成合适大小的丸子，过一道步骤5中拌好的低筋粉，再裹一层面包粉。
7. 准备好170毫升的煎炸油，炸至焦黄。
8. 甘蓝切丝、摆盘，放上炸丸子，用柠檬片和欧芹点缀。

秋

菜 谱 4

番薯糯粟糯米饭

加入带有微甜的糯粟，微波炉就可轻松搞定的一道菜肴。
松软热乎的番薯带来无限美味。

材料（2人份）

- 番薯……100克
- 糯米……1合
- 干香菇……1只
- 糯粟……1/2大匙
- A 酒……1小匙
  酱油……1小匙
  料酒……1小匙

做法

1. 糯米洗好泡1晚上。
2. 用200毫升水泡发干香菇，泡好后水留着。
3. 洗好番薯，切成厚1厘米的圆块，抹上一点儿盐。
4. 把香菇的蘑菇根去掉，切片。用滤器洗好糯粟后沥干水分。
5. 沥干了水分的糯米装入耐热碗中，倒入150毫升泡香菇的水和A部分材料，搅拌。放上步骤3、4中处理好的番薯和香菇，用保鲜膜封好，微波炉加热3分钟。
6. 掀开保鲜膜，搅拌混合一次，再封好，放入微波炉加热6分钟，之后焖5分钟即可。

番薯切成圆片后拌一点儿盐能使味道更好，番薯更甜，蒸出来更加松软美味

胡萝卜苹果烤薄饼

小小的、
薄烤的烤薄饼
几块叠在一起
也是一种好看的摆盘。

南瓜勃朗峰蛋糕

谁都喜欢勃朗峰蛋糕，
秋天是食用的最佳季节。

材料（直径6厘米的圆形模具，6个量）

- 直径18厘米的海绵蛋糕
（市场上有销售）……半块
- 砂糖……1大匙
- 水……2大匙
- 白兰地……1大匙
- 鲜奶油……120毫升
- 香草精……适量

[南瓜奶油]
- 南瓜……180克
- 无盐黄油……30克
- 砂糖……2大匙
- 鲜奶油……2大匙

南瓜的皮一定要厚厚地切掉，这样煮的时候就不会残留绿色，做南瓜奶油时也会更顺滑。没有专门的裱花嘴的话，拿保鲜袋，袋角剪一个小口子代替也可

做法

1. 用模具取好6块直径6厘米的海绵蛋糕。砂糖和水放微波炉里热20秒，砂糖溶化后加入白兰地，做成糖浆。糖浆冷却后用刷子刷在海绵蛋糕上。
2. 取出南瓜的籽和瓤，厚厚地去一层皮，切成3厘米大的南瓜块，放入锅里，倒入水，没过南瓜，煮至南瓜软化。沥干水分，留一点做装饰用，其他的趁热捣成泥，加入黄油、砂糖和鲜奶油搅拌至顺滑，做成南瓜奶油。
3. 鲜奶油加入砂糖和香草精打发至8分，在每块海绵蛋糕上裱出小山形状。裱花袋上装好裱花嘴，把步骤2中做好的南瓜奶油倒入裱花袋，裱在每块海绵蛋糕上。装饰用南瓜切成小扇形插在每块蛋糕上。

材料（直径10厘米，约9块量）

- 胡萝卜……1根（160克）
- 苹果……半个
- 低筋粉……125克
- 发酵粉……2小匙
- 鸡蛋……1个
- 蜂蜜……2大匙
- 牛奶……120毫升
- 色拉油……1大匙
- 黄油……适量

做法

1. 用过滤网筛好低筋粉和发酵粉，混合，中间挖一处凹陷，加入鸡蛋、蜂蜜、牛奶和色拉油，用打蛋器一点点搅拌均匀。加入切细碎的胡萝卜，搅拌至顺滑。
2. 苹果切成3毫米的薄片。
3. 平底锅热黄油，一片片放入苹果片，用圆勺分9次把步骤1中的材料摊在苹果片上。
4. 薄饼表面冒泡后翻面，煎至金黄色。
5. 盛盘，倒蜂蜜。

薄饼直径小的话可以同时煎出好几块，表面冒泡说明这边差不多煎好了，可以翻面了

冬季蔬菜
萝卜

丰富的消化酶有利于虚弱的肠胃

萝卜的原产地有地中海沿岸、中亚等多种说法，尚无定论。日本的萝卜是从中国传过去的，广布于全国各地，出现了很多品种。萝卜在日本最早的记录可见于《日本书纪》（720年），当时在日本，萝卜被称为"大根"（**オオネ**）。

现在市场上销售的萝卜有日本萝卜、欧洲萝卜和中国萝卜3种。近些年店里常见的是青首萝卜。萝卜全年均有销售，但它实际上是冬季时令的蔬菜。夏天的萝卜辛味较重，适合捣泥或者做腌菜，冬天的萝卜较甘甜且水分多，适合做煮菜或者火锅。

自古以来大家就知道萝卜有助于消化，把萝卜当肠胃药使用，这是因为萝卜富含维生素C和消化酶——淀粉酶、蛋白质分解酶——蛋白酶。萝卜叶属于黄绿色蔬菜，是胡萝卜素、钙和铁的宝库。

冬

[浅色蔬菜]

[日本名]	大根
[英文名]	radish
[科·属]	十字花科　萝卜属
[原产地]	地中海沿岸、中亚
[美味时期]	11～12月
[主要营养成分]	维生素C、钾、钙、膳食纤维
[主要产地]	北海道/5月上旬～11月上旬
	千叶县/全年（除夏季）
	青森县/5月下旬～6月下旬、7月上旬～9月下旬
	神奈川县/12～次年3月中旬
	宫崎县/11～次年3月下旬

Good! 挑选小窍门

◎白、紧绷、有光泽

◎直直地伸展

◎沉甸甸，有重量

◎叶子水灵有生气

萝 卜 小 知 识

切法

挑战
不同的切法吧

既然萝卜能做各种各样的菜肴,自然也会有各种各样的切法。切成厚厚的圆块可以做关东煮,切成薄薄银杏叶状可以做速腌酱菜,切丝可以做沙拉,根据菜肴需要选择合适的切法吧!

<切圆块>

萝卜横放,垂直下刀

<装饰切法>

把切成圆片的萝卜片对半切。这种切法比较容易控制厚薄,适合生手

保存方法

存放于阴凉处

整个萝卜应当用报纸包好,立在阴凉处保存。半个萝卜应用保鲜膜包住断面,以防干燥,立着放入冰箱存放。

<切下叶子>

因为水分从叶子处蒸发,且叶子会吸收根的养分,所以买回萝卜后应立即将叶子切下

事前准备·烹饪要点

从煮菜到沙拉、萝卜泥
做什么都可以

有一根萝卜,就可以做煮菜、沙拉、萝卜泥等各种菜肴,这就是萝卜的魅力所在。萝卜叶营养丰富,可以做腌菜和炒菜,可别丢掉噢!

萝卜非常容易入味,因此做关东煮等煮菜非常受欢迎。炖煮很长时间的话萝卜的美味就四散开来了。萝卜乱切可做煮菜,切银杏叶状可做沙拉和腌菜,捣成泥还可以做其他菜肴的配菜,享受萝卜带来的趣味吧!

①

仔细把筋一根根剥除

萝卜的上边比较甜,越往下辛味越重。靠近叶子的部分最甜,很适合做沙拉或者萝卜泥生食

顺着纤维切

图中为顺纤维切的方法,这样切口感爽脆。把萝卜先切圆片再切丝的话口感会比较柔嫩

煮一道以不留苦味

煮萝卜的时候放点儿米或者淘米水能去除萝卜的苦味和涩味,并增强萝卜的甜味。煮至用竹签能轻松穿透萝卜的程度

挑选要点

紧绷且
有光泽

萝卜叶富含胡萝卜素和钙,能买到带叶子的萝卜是最好的。挑选带叶子的萝卜应当看叶子是否水灵且绿得鲜艳。叶子发黄、发褐,已变色的萝卜说明受过伤,不能选。

挑选不带叶子的萝卜应当看整根萝卜是否紧绷且有光泽。苗条笔直且沉甸甸的萝卜比较好。此外选择毛孔少的萝卜也是要点之一。

<叶子>

挑选带叶子的萝卜时,应当选择叶子鲜绿水灵、有生气的。叶子发黄、变色说明已经不新鲜了,不能选

<茎的根部>

挑选带叶子的萝卜时,应当检查一下茎的根部。发黄、变色说明已经不新鲜了

萝卜 的

品 种 多 样 性

冬

❶ 迷你萝卜

【上市时期】 全年

【特征】

这是白色的根部只有7~10厘米长的小型萝卜。辛味少，水灵。适合做沙拉和煮菜。迷你萝卜料理起来很方便，最近用于一种意大利料理中，非常受欢迎

【美味食法】

比较简单的做法就是沙拉。还可以竖着对半切，用橄榄油烤制，或者做肉菜里的配菜

❷ 辛味萝卜

【上市时期】 11~12月

【特征】

京都特产之一。这是白色的根部有10~15厘米的小型萝卜。辛味强，水分少。一般是做成萝卜泥用于荞麦面中调味。群马县产量较多

【美味食法】

一般做成萝卜泥。切成棒状或者银杏叶状放荞麦面汤里是很好吃的小菜

❸ 红萝卜

【上市时期】 春~夏

【特征】

红萝卜的日文名叫"二十日大根"，这是因为它从播种到收获只需要20天左右。明治时期之后红萝卜从欧洲传入日本，红色是最受欢迎的颜色。小而圆的小巧外形也是它受欢迎的理由之一

【美味食法】

整个蘸沙司吃，或者切一下放沙拉里丰富颜色，还可以做西式泡菜。放汤里也可以

❹ 红心萝卜

【上市时期】 10~12月

【特征】

这是小型的中国萝卜。外皮为绿色，内部为鲜艳的粉色。甜味强，水分多。白色的根部直径10厘米左右。可以花盆栽培。生长天数75~85天

【美味食法】

红心萝卜有甜味，适合生食，口感爽脆。还可以切一下做沙拉或者做爆腌萝卜

⑤ 三浦萝卜

【上市时期】 11~12月

【特征】
三浦市特产的大型萝卜，这是昭和初期时练马萝卜自然杂交出的品种。长达50~60厘米，中间鼓起而粗。软而水灵。不容易煮烂，容易入味

【美味食法】
三浦萝卜不仅可以做正月里的凉拌醋萝卜，还非常适合做关东煮等煮菜。做腌菜也很美味

⑥ 圣护院萝卜

【上市时期】 10~2月

【特征】
京都市左京区圣护院产的传统蔬菜。因为京都的耕土浅且为黏土质，植物的根伸展不开，圣护院萝卜就长成了球形，且重达1.5~2千克，是大型萝卜。肉质软而甜味强，不容易煮烂

【美味食法】
做煮菜的绝佳品种。入口即化，令人回味无穷。做煮萝卜蘸酱吃能尝到其原始的甘甜

⑦ 黑萝卜

【上市时期】 冬（极少）

【特征】
这是表皮为黑色，内部为白色的稀有品种。日本国内不太栽培黑萝卜，一般都是餐厅才会用从欧洲进口的。黑萝卜有一点辛，较硬，粗纤维。料理方法和普通萝卜一样

【美味食法】
肉质结实，有点辛味。带皮切薄可以做成沙拉，做成黑色的萝卜泥也很有趣味

⑧ 沙拉女士萝卜

【上市时期】 10月中旬~3月

【特征】
表皮粉色，内部纯白，粉白的搭配十分好看。这是多在神奈川县的三浦半岛栽培的小型萝卜。从根部到顶部整根萝卜都不太辛，味道很温和，纤维也很柔嫩

【美味食法】
没有辛味，口感爽脆，非常适合做沙拉，带皮做成粉色萝卜泥也很有趣味

芜菁

叶子的钙含量约是根部的10倍

据说芜菁的原产地是地中海沿岸的南欧及亚洲的阿富汗地区，弥生时代传至日本，《日本书纪》（720年）中已经有了关于芜菁的记载，说明从很早起芜菁就是各地重要的农产品了。芜菁也是日本的"春七草"之一。

地方上的传统品种中比较有名的有京都的圣护院芜菁，个头很大，多用于做千枚渍（一种京都特产料理，把切成薄片的圣护院芜菁和海带重叠放在一起，用盐、料酒、曲子等腌渍而成的咸菜）；还有做芜菁腌鱼所不可或缺的石川县的金泽青芜菁等。此外，山形县鹤岗市烧垦栽培的藤泽芜菁受到保护而传承下来。

根与叶所含有的营养成分不同，这就是芜菁的特点。芜菁的根含有可分解淀粉的酶——淀粉酶，因而有助于修复因暴饮暴食而虚弱的胃部的消化功能，对缓解胃积食、灼烧也有效果。

[浅色蔬菜]

[日本名]	芜
[英文名]	turnip
[科·属]	十字花科　芸薹属
[原产地]	地中海沿岸
[美味时期]	11～12月
[主要营养成分]	维生素B群、维生素C、钾、钙
[主要产地]	千叶县/10～次年6月

埼玉县/10～11月、1～6月

青森县/5月下旬～9月下旬

北海道/4月中旬～11月上旬

京都府/11～次年2月（不同品种有差异）

Good! 挑选小窍门

◎紧致、纯白、须少

◎叶子水灵而鲜绿

◎茎挺直

切法

青白搭配
趣味无限

留一点儿绿色的茎在白色的根上然后切瓣形，这样青白的色彩搭配会很好看；切半月形适合做沙拉，还可以切成菊花形状。芜菁切好后外观好看，常用于做年菜肴和醋腌芜菁等。

<切瓣>

竖着将芜菁根按放射状切成4～6等分的瓣形，这种切法可保留纤维，不容易煮烂

<切半月形>

先将芜菁切成圆片，再对半切。这种切法切断了纤维，口感比较柔嫩

保存方法

用保鲜袋装好放入冰箱

芜菁白色的部分需要用塑料袋之类密封性比较好的袋子装好，再放入冰箱冷藏室保存。芜菁的叶最好在枯萎前食用完毕，也可以先焯一道，焯时放点盐，焯好切小块放冰箱冷冻存放，这样比较方便。

<切下菜叶>

菜叶会吸收养分，而且水分会通过菜叶蒸掉发掉，所以应当尽快把菜叶和根部分开

事前准备·烹饪要点

无须焯水
生食亦可

芜菁根叶均可食用，可谓浑身是宝。而且芜菁没有涩味，不需要焯水。芜菁带有甘甜的味道，切薄片、切瓣、做沙拉均可。

当然，芜菁还很适合做醋拌凉菜、腌菜和煮菜，其茎叶做腌菜和炒菜都很不错。京野菜的圣护院芜菁一般用于做千枚渍，可以说芜菁是非常适合做腌菜的蔬菜了。

❶

仔细清洗茎部之间的缝隙

切开根茎时，根部带的茎里会有土和沙残留，需要把这部分放水里，用刷子清洗干净

生食芜菁

芜菁加热后，其消化酶——淀粉酶就会弱化，想要有效摄取淀粉酶的话最好生食

叶子也能食用

与白色的根相比，芜菁的绿叶富含钙、铁质和膳食纤维，做菜是再适合不过了

新鲜、纯白
带有菜叶

挑选芜菁时有一点跟萝卜一样，就是最好选带有新鲜菜叶的，菜叶部分应当水灵且鲜绿。茎部挺直而紧致、无伤为佳。菜叶出现枯萎、弯折、变黄情况则说明距离收获已经过了不短时间，不新鲜了。

新鲜芜菁的根部应当紧致且纯白，不能有褐色伤口。须少为佳。

<茎的根部>

芜菁变得不新鲜后，其茎与根相连接的地方就会变褐色，因此挑选芜菁时，这个部位呈白色的才是新鲜的芜菁

<茎与叶>

茎部伤少、挺直不弯折为佳。菜叶鲜绿、不萎蔫、有生气为佳

芜菁的

品种多样性

冬

❶ 小芜菁

【上市时期】 11~12月

【特征】

直径4~6厘米的小型芜菁。这是御寒能力十分强的品种，当初是通过朝鲜半岛传来日本的。小芜菁全年均有销售，晚秋至冬季上市的品种口感比较绵密美味，风味更甚

【美味食法】

适合做腌菜、煮菜和嫩煎。简单蒸一下浇上橄榄油也很好吃，味道甘甜

❷ 金町小芜菁

【上市时期】 全年

【特征】

东京葛饰区金町的特产品种。现在为了能实现春天上市，正在进行品种改良。金町小芜菁皮白、光滑、好看，肉质绵密而柔嫩，初春的金町小芜菁尤其柔嫩

【美味食法】

适合做腌菜和嫩煎。和油炸豆腐一起煮，或者用芝麻油嫩煎后配上酱油可以做小菜食用

❸ 红芜菁

【上市时期】 冬~初春

【特征】

食用部分（胚轴）直径约15厘米，属于中型芜菁。皮鲜红，内部为白色。肉质十分细腻，较为甘甜

【美味食法】

盐浸红芜菁和醋腌红芜菁十分有名。把腌好的红芜菁切好后混在沙拉里可谓色味俱全

菖蒲雪

【上市时期】 初夏~初秋

【特征】
别名"沙拉芜菁"。表皮上部带有鲜艳的紫色，愈往下愈洁白，这种颜色的奇妙组合十分悦目，让菖蒲雪非常受欢迎。肉质肌理非常细腻柔嫩

【美味食法】
菖蒲雪甘甜多汁，适合切薄后做沙拉或者腌菜、速腌酱菜

圣护院芜菁

【上市时期】 10~11月

【特征】
圣护院芜菁是以关西地区为中心栽培的大型芜菁，可达4千克。肉质肌理细腻而甘甜。菜叶柔嫩，亦可食用。圣护院芜菁是做千枚渍的食材

【美味食法】
多用于做京都腌菜千枚渍。有甘味，不易煮烂。还可以做京都料理芜菁蒸食（日本在秋季至冬季制作的清蒸菜肴的一种。将芜菁泥涂在食物上清蒸而成）

黄芜菁

【上市时期】 11~12月

【特征】
根部直径10厘米左右的小型芜菁。皮黄，肉乳白。加热后内部肉也变成和皮一样的黄色。主要产地为北海道。肉质绵密、香味浓，带有甘味

【美味食法】
黄芜菁肉质绵密而富有香气，做汤和煮菜能把它的甘甜优点发挥到极致。还可以做意大利面的酱料和肉菜的配菜

葱

愈寒风味愈甚
兼具历史与传统的健康蔬菜

　　《日本书纪》中就有对葱的记载，葱的历史可谓相当悠久。葱的种类可大致分为白色部分供食用的大葱和绿色部分供食用的叶葱两种。按地域区分，一般日本东半部地区种植大葱，日本西半部地区种植叶葱。

　　葱有很好的药效，大家都熟知感冒时喝葱汤这一民间疗法。日本过去称葱为"キ"（臭气的意思），可见葱具有独特的气味，同大蒜、洋葱一样，这香味也是来自大蒜素。大蒜素和维生素B$_1$一起可缓解疲劳，具有改善糖尿病的效果。而叶葱和大葱的绿色部分属于黄绿色蔬菜，富含胡萝卜素、钙和维生素K等营养成分。

　　大葱和叶葱在各个季节都很常见，是全年均有销售的蔬菜，其中大葱是在比较寒冷的时期低温下生长的，其碳水化合物和果胶含量更多，相应地，其甘味和风味都更甚。

冬

[浅色蔬菜]

[日本名]	葱、一文字
[英文名]	welsh onion
[科・属]	百合科　葱属
[原产地]	西伯利亚、阿尔泰山地区
[美味时期]	12～次年1月
[主要营养成分]	维生素B群、维生素C、膳食纤维、胡萝卜素（绿色部分）
[主要产地]	千叶县/全年
	埼玉县/全年
	茨城县/全年
	北海道/6～9月下旬
	群马县/全年

Good! 挑选小窍门

◎不松软

◎表面有光泽

◎切口裹得很紧

切法

根据菜肴选择
合适的切法

葱独特的香味能运用于各种各样的菜肴中提味。斜切断面大，加热起来易熟，也比较容易入味。此外，切碎做佐料，或者横切成圆片炒着吃都很美味。

<切段>

把葱切成4厘米长的圆柱段，这样虽然不容易熟，但可以牢牢锁住美味

<斜切>

斜着下刀，这样比较易熟，加热后口感比较柔嫩

保存方法

切碎后冷冻保存
方便日后取用

葱可以用湿报纸或者保鲜膜包好，也可以放塑料袋里，立着放在冰箱里存放。此外还可以切成小圆片或者切碎，用水泡一泡之后沥干水分，用密封容器装好放到冰箱中冷冻，这样日后取用很方便。

事前准备·烹饪要点

适合各种菜肴
万能冬季蔬菜

处理葱时要先洗干净，然后切掉根部。做佐料时把葱切碎过一道水，这样可以适度去除它的辛味。

葱特有的味道可以去除鱼肉腥臭，做佐料时又能刺激食欲。而且葱有助于维生素B_1的吸收，和猪肉一起摄入有助于消除疲劳。葱除了做佐料，还可以做炒菜、炸什锦、味噌汤等。

❶

根据用途分开使用各部位

葱的白色部分属于浅色蔬菜，绿色部分属于黄绿色蔬菜。两部分都食用的话吸收的营养比较均衡，对身体也有好处

❷

切碎后放冰箱保存

把葱切碎或切小圆片后用密封容器装好放入冰箱冷冻保存非常方便日后取用，例如要用佐料时马上就能拿来用

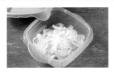

❸

加热提出甘味

生葱辛味强，炒、煮等加热过后会变甜。其辛味和独特的气味来自名为烯丙基硫醚的成分

注意
青白区分

挑选葱时摸一下白色部分，触感比较松软的话说明中间的卷不够紧实，有一定硬度且紧实的葱味道才好。选择表面水灵有光泽，绿色部分和白色部分对比明显的葱。

葱越老，其根部的切口处就会出现2层、3层，要检查一下根部是否紧实。

<硬度>

摸白色部分时能感觉到紧实，不松软。葱中间包裹得比较紧实的会比较好吃

<颜色>

绿色和白色部分分界明显的葱比较好。选择表面水灵、整体有光泽的

葱 的 品 种 多 样 性

冬

叶葱（万能）

【上市时期】 全年

【特征】

正式名称为博多万能葱，福冈产的比较有名。这是在叶葱还比较嫩时采摘的。鲜艳而浓重的绿色很好看，口感比较温和，因为在西餐、中餐、日餐等各种料理中都能使用而得此名

【美味食法】

切碎后放菜肴中增色。可以在面食、盖浇饭等饭类、火锅、沙拉、家常菜中做配菜

香葱

【上市时期】 初秋~冬

【特征】

原产地为日本。别名"丝葱""草蒴"。细而青的嫩叶和白色的茎供食用。辛味比分葱强，比白葱弱。钙含量约为菠菜的2倍。主要用作佐料

【美味食法】

细腻的辛香味是香葱的特征，一般用作佐料放在面食里，还具有去除鱼肉腥臭的杀菌效果，还可以最后撒在菜肴上做装饰

下仁田葱

【上市时期】 11~12月

【特征】

群马县下仁田町特产。别名"老爷葱"。白色部分长达20厘米，外形矮胖。肉质柔嫩，风味佳。生食会有些许辛辣，一般都是加热后食用

【美味食法】

可以利用其柔嫩的肉质做寿喜锅一类的火锅、松肉汤一类的汤、炒菜或者炸什锦

韭葱

【上市时期】 日本为冬季

【特征】

原产地为地中海沿岸。法国名"poireau"（普瓦罗），所以在日本又被叫作"普罗葱""西洋葱"。叶硬而无法食用，只有白色部分供食用。煮后会变软，可以品尝到其甘甜香味

【美味食法】

非常适合用在炒菜、汤、炖煮菜、烤箱料理中。用在贝类、鱼类、甲壳类食物中也能提味

 5

叶葱（分葱）

【上市时期】 几乎全年

【特征】
分葱是葱和洋葱杂交的品种，主要在日本西半部地区种植。分葱整根都很软，煮后可以全部食用。生食做佐料有助于吸收维生素C，炒菜有助于吸收胡萝卜素

【美味食法】
切碎后加入火锅、乌冬面里。白葱和紫叶生菜一起拌芝麻油做沙拉也很美味

 6

红葱

【上市时期】 11～次年1月

【特征】
叶柄虽为红紫色，剥开皮后里面却是白色的。红葱辛味少，其红紫色来源于多酚的一种，是非常有利于健康的蔬菜。近年来随着人们对健康的关注不断升温，对红葱的需求也增加了

【美味食法】
辛味少，故而生食就很美味。把红葱、鲣鱼干、味噌、砂糖搅拌好盖在饭上是最棒的吃法

7

芽葱

【上市时期】 几乎全年

【特征】
芽葱不是品种的名称，而是来源于栽培方法的一种叫法。芽葱是将葱的种子密集撒播后，长到7～8厘米就收获嫩芽的种类。芽葱的黄绿色十分好看，芽葱本身又很柔嫩。在日本，芽葱的栽培地区以东京和埼玉为中心，主要在关东种植

【美味食法】
用海苔把芽葱和醋饭一卷，蘸酱油吃十分美味。芽葱还可以与金枪鱼、沙丁鱼等卷着吃

8

京丸姬葱

【上市时期】 几乎全年

【特征】
比香葱还细。主要水耕栽培，因没有涩味而比较受欢迎，适合各种菜肴。外表纤柔高端，主要做和食的装饰配品和用来添色

【美味食法】
京丸姬葱很细，口感也很细腻。直接放汤里，做生鱼片的配菜，或者做寿司的馅料都可以。最适合做和食的配菜

西蓝花

可提高免疫力
冬季的美味黄绿色蔬菜

　　西蓝花是自生在地中海至大西洋沿岸地区的甘蓝的变种，未发育的花蕾和茎供食用。意大利盛产西蓝花，据说明治初期西蓝花传入日本，但直到第二次世界大战后日本国内对西蓝花的需求才见涨，近年来更因其营养价值而备受瞩目。西蓝花煮后会有些许甘甜，爽脆的口感也是其魅力所在。

　　我们主要食用的蕾聚集的部分就是西蓝花的花蕾，一般是浓绿色，不过近年也开始出现紫色、橙色等品种。紫色的品种在煮过后还是会变成绿色。此外西蓝花还有茎部很长的品种，叫茎西蓝花。

　　西蓝花的胡萝卜素和维生素C含量是甘蓝的4倍，营养价值非常高。西蓝花还含有维生素A、维生素E，同时摄取效果可谓相得益彰，能够提高抗氧化能力。此外，西蓝花含有一种名为萝卜硫素的成分，也具有抗氧化作用。

冬

[黄绿色蔬菜]

[日本名]	芽花椰菜
[英文名]	broccoli
[科·属]	十字花科　芸薹属
[原产地]	地中海沿岸
[美味时期]	10～次年2月
[主要营养成分]	胡萝卜素、维生素C、钾、铁
[主要产地]	爱知县/11～次年5月
	北海道/6月上旬～11月上旬
	埼玉县/4～6月、10月中旬～次年3月
	长野县/6～10月
	福岛县/5～6月、9～10月

Good! 挑选小窍门

◎花蕾紧实

◎花球隆起

◎花梗切口湿润

西 蓝 花 小 知 识

切法

避免花球破碎
茎部亦可活用

西蓝花可以按每簇球，从茎部下刀，还可以粗茎去皮后切成圆片，不管什么切法都要注意不要把花球弄碎了。茎部可以用削皮器去皮后使用，内部很柔嫩美味。

＜竖切＞

不要分开花球和茎，而是切出如图所示形状，去皮

＜切圆片＞

茎部去皮，切成1厘米厚的圆片，煮菜或炒菜均可

保存方法

煮硬后
冷藏或冷冻

把西蓝花按每簇小花球分开，煮得还比较硬的时候装入可密封的塑料袋里，放入冰箱冷藏或冷冻保存。冷藏可存放2～3天，冷冻可存放1个月左右。

事前准备·烹饪要点

掌握切法
切勿浪费

切西蓝花时为了避免花球碎掉，要从茎的根部下刀，按一小簇一小簇花球来切。茎和花蕾熟的时间长短不同，因此最好将茎和花蕾切开再来煮。把茎去皮后切细了再和花蕾一起煮也是可以的。西蓝花煮得过久营养成分会流失，因此煮的时间控制在5分钟以内即可。西蓝花煮后可以做沙拉，还可以做西式焖菜、焗菜等。

按茎分开

尽量按一根一根的茎将整簇花球切下，避免碎掉。从茎部下刀，手撕亦可

焯菜方法

热一锅水，加盐，先放茎部，之后再浸入花蕾。花蕾颜色变鲜艳后即可起锅

蒸食不损失营养

西蓝花是营养价值很高的黄绿色蔬菜，煮的时间过长会造成营养成分流失，蒸食则可减少营养的流失

挑选要点

花蕾硬
而紧实

如果西蓝花不新鲜了，其切口就会变色、干燥，挑选时应当选择没有出现蜂窝眼，比较水润，茎部有光泽、无伤的西蓝花。

花蕾密集、硬而紧实，花球隆起的西蓝花比较新鲜。如果花蕾开了就会有苦味。花蕾应当呈鲜艳的浓绿色。

＜茎部的切口＞

挑西蓝花时先看茎部的切口，不能有蜂窝眼，应当水润

＜花蕾＞

花蕾鲜绿、硬而紧实为佳。花球隆起说明比较新鲜

花椰菜

富含维生素C
美肤效果可期

花椰菜是西蓝花的变种，原产于地中海沿岸地区，是甘蓝的一种。明治初期花椰菜被引进日本，第二次世界大战后开始正式栽培。

花椰菜供食用的是蕾密集的花蕾部分。一般花椰菜都是白色的，不过近年来也出现了橙色、紫色、绿色等品种。

当季的花椰菜口感好，建议可以煮得硬一点儿。花椰菜的茎部富含维生素C，也是可以食用的。

花椰菜富含具有美肤效果和提高免疫力作用的维生素C，加热后营养流失少。此外，十字花科的蔬菜共有的一种名为芥子油甙的成分能够分解有害物质，和维生素C的抗氧化作用相结合有着防癌效果。花椰菜还富含能够抑制高血压的钾，可以说营养价值非常高。

[浅色蔬菜]

[日本名]	花椰菜
[英文名]	cauliflower
[科·属]	十字花科　芸薹属
[原产地]	地中海沿岸
[美味时期]	11～次年1月
[主要营养成分]	碳水化合物、维生素B群、维生素C、膳食纤维
[主要产地]	德岛县/10～次年5月
	爱知县/11～次年3月
	茨城县/11～12月、5～6月
	长野县/6～10月
	福冈县/10～次年5月

Good! 挑选小窍门

◎花蕾密集，硬而紧实，花球隆起
◎花蕾没有变色

花 椰 菜 小 知 识

切法

避免
花球破碎

日本一般将花椰菜煮后食用，而欧洲一般直接做沙拉生食或者做腌菜。将花椰菜切薄片后花蕾紧闭密集，说明很新鲜。

〈切薄片〉
先把花椰菜按花簇切小，然后切成图示薄片。适合做沙拉和腌菜

〈切碎〉
把白色的花蕾切碎，适合做汤

保存方法

煮硬后
冷藏或冷冻

花椰菜煮硬后放入可密封的塑料袋里，然后放入冰箱冷藏或冷冻保存。

〈湿润断面〉
用湿纸巾覆盖在花椰菜断面上，再用保鲜膜包好后放入冰箱冷藏保存

事前准备·烹饪要点

活用花椰菜
独特的口感和白色

虽然花椰菜即使煮很长时间也不容易流失维生素C，但要利用其独特的口感和白色的话最好只短时间焯一下即可，这样煮出来的花椰菜还略硬。整个煮花椰菜时可以在茎部的切口处划十字。花椰菜的茎不仅营养丰富，煮后松软热乎，非常美味。建议做焗菜、西式腌菜、炒菜等。

切下菜叶

做菜前先把花椰菜上的菜叶切下。从菜叶和茎部之间下刀，使茎叶分离

分开花簇

把白色的花蕾部分切至适合食用的大小。从茎部下刀，按每个花簇分开

焯菜方法

热一锅水，放入柠檬或柠檬汁，然后煮花椰菜至颜色变纯白。加点面粉花椰菜会更松软膨胀

挑选要点

花蕾硬
而紧实

带叶子的花椰菜要看菜叶是否青绿而有光泽。花蕾密集、硬而紧实，花球隆起是新鲜的证明。掂一掂花椰菜，选比较沉的那个。花椰菜的花蕾和茎均可食用，茎部柔嫩而甘甜，可别浪费了。

如果是切开了的花椰菜，则看切面是否呈匀称的白色。不新鲜的花椰菜会出现变色、黑斑。

〈整体〉
花蕾密集、沉甸甸的，白色

〈切开的花椰菜〉
切开的花椰菜切面呈白色为佳，检查一下有没有变色或者黑斑

白菜

富含维生素C的冬季蔬菜代名词

　　白菜原产于中国北部，据说日本开始栽培的白菜是甲午中日战争时日本士兵带回去的种子。超市全年均有销售白菜，但实际上白菜是冬时令的蔬菜。常言道"霜降白菜"，下霜时冬季的白菜为了御寒，会将淀粉转化为蔗糖，这样白菜的甘甜就增加了，形成了它独特的美味。白菜可以做火锅、腌白菜，是冬季餐桌上不可或缺的一道风景。

　　近年来迷你白菜越发受到欢迎，这是因为随着核心家庭化的推进，为了适应现代一个小家庭难以食用完一整个白菜的情况，1千克左右的小型白菜就被开发出来了，迷你白菜主要面向首都圈生产销售。因其个头合适、食用方便的特点，人气持续上升。

　　白菜中95%都是水分，营养价值并不算很高，不过它还含有维生素C和钾。

冬

[浅色蔬菜]

[日本名]	白菜
[英文名]	Chinese cabbage
[科·属]	十字花科　芸薹属
[原产地]	中国
[美味时期]	11～12月
[主要营养成分]	维生素C、钾、钙、膳食纤维
[主要产地]	茨城县/3～5月、10～12月
	长野县/5月下旬～11月
	北海道/5月上旬～11月中旬
	爱知县/11～次年3月下旬
	群马县/1～3月、7～9月

Good! 挑选小窍门

◎ 掂一下看是否沉甸甸的
◎ 根部切口呈白色、水润的比较新鲜

白 菜 小 知 识

切法

一青二白的
色彩反差

白菜的切面越大，加热起来越容易煮熟。切大块的话切面小但不容易煮烂，适合做煮菜；削片法切面大，容易入味，可以减少烹饪时间。

<切大块>

把菜叶叠在一起，逆着纤维将菜叶切成3厘米长宽的叶片

<削片>

菜刀斜着削片，尽可能使切面比较大

保存方法

保鲜袋装好冷藏保存

保存整个白菜时，用报纸将白菜整个包好，立着放在阴暗处保存。立着存放消耗的能量会比较少。保存切开过的白菜时要用保鲜膜包好，尤其是切口处，然后放入冰箱冷藏保存。

事前准备·烹饪要点

适合各种菜肴
料理方法多样

白菜的成分几乎都是水分，味道清淡，适合跟各种食材搭配，特别是加入蛋白质后更加美味而又营养均衡。

培根特别适合和白菜搭配，把两者一起放锅里，不用加水，光蒸煮就很美味了。白菜可以做火锅、炒菜、汤等，是适合各种菜肴的冬季必备蔬菜。弱火炒制时白菜的水分会出来，这样整体就会浸在水里，最好强火迅速炒好。

将菜叶一片片剥下使用

一片片地将菜叶剥下比较好。这是因为如果一开始就将白菜对半切的话，从切口处白菜就会迅速氧化，马上就会变得不新鲜

均匀加热

把较薄的菜叶和较厚的菜心切开，先炒菜心，待菜心整体颜色炒通透后下菜叶一起炒。当然去掉菜心也是可以的

做蔬菜条沙拉

把白菜叶竖切成根状做成蔬菜条沙拉，口感非常水润，可以蘸蛋黄酱或麻酱食用

挑选要点

掂一下
挑沉的

白菜的菜卷应当紧实、有弹力，拿手上掂一下，比较沉且外部的菜叶比较新鲜的为佳。菜心部分纯白有光泽是新鲜的证明。不新鲜的白菜会有伤且呈半透明状，变色。

挑选被切开的白菜时要看切口是否水润，每片菜叶裹得是否紧实。不可选菜心翘起、断面隆起的白菜。

<整体>

掂一下，挑比较沉的

<切口>

根部切口白色且水润的白菜比较新鲜，不新鲜的白菜这里会变色

<切开的白菜>

菜心高度在整体的1/3以下，断面不隆起且新鲜的

塌棵菜

时令2月甘甜升级
冬季的万能蔬菜

冬

塌棵菜原产于中国，1940年左右引入日本。

虽全年均有销售，但塌棵菜的时令实际是晚秋至冬季。天气越冷，塌棵菜的菜叶越会展开覆在地面上，个头变矮。而冬季以外的温暖时期里的塌棵菜的菜叶则是立着的。霜降的二月是塌棵菜最为甘甜的时期，因此塌棵菜又被叫作如月菜（在日本"如月"是阴历二月的别称）。

地方上的长冈菜（新潟县）、雪菜（山形县）、四月白菜（福岛县、宫城县）等都属于塌棵菜类。

菜叶肉厚、柔嫩而皱缩，涩味少是塌棵菜的特点。因为没什么涩味，所以塌棵菜很适合做炒菜、煮菜和汤。塌棵菜和另一种中国蔬菜青梗菜都属于十字花科，味道也很相近。

塌棵菜富含胡萝卜素、维生素B_1、维生素B_2、维生素C和钙，是营养价值非常高的一种黄绿色蔬菜。油炒塌棵菜有利于有效摄取胡萝卜素，而且营养很均衡。

[黄绿色蔬菜]

[日本名]	塌菜、如月菜、瓟菜
[英文名]	ta cai
[科·属]	十字花科　芸薹属
[原产地]	中国
[美味时期]	11～次年1月
[主要营养成分]	胡萝卜素、维生素B群、钙、铁
[主要产地]	静冈县/全年
兵库县/10～次年7月	
千叶县/11～次年2月	
长野县/5月下旬～10月	
大分县/3～5月、9～11月	

Good! 挑选小窍门

◎茎叶鲜绿，菜叶颜色尤为浓郁

◎叶脉清晰

塌棵菜 小 知 识

切法

随意切来炒菜

塌棵菜非常适合炒菜，随意切大块后一炒就很美味。茎叶一起切好可以同时享用到茎爽脆的口感和叶柔嫩的口感。塌棵菜加热后会皱缩而变小，所以可以切大块。

<斜切>

斜着下刀，从顶部开始切。迅速炒制即可入味

<竖着切开茎叶>

将整片塌棵菜竖着对半切。可以同时享用到茎爽脆的口感和叶柔嫩的口感

保存方法

用报纸包好湿润切口

保存塌棵菜时，要保持它一捆的状态，用塑料袋装好，竖着放入冰箱存放，这样比横着消耗的能量少。茎部的切口则用湿纸巾或者报纸包好，这样能放存比较久。

事前准备 · 烹饪要点

无须焯水烹饪方便

塌棵菜加热后会更甘甜，风味更甚，是冬季美味而又营养价值高的黄绿色蔬菜，没有涩味，易食用，也不需要事先焯水，直接烹饪即可。塌棵菜热起来很快，适合做各种菜肴。

塌棵菜可以切大块后炒猪肉，也可以加在火锅里，做凉拌菜，煮菜、汤。

❶

无须焯水

塌棵菜没有涩味，菜叶柔嫩，纤维质少，无须焯水，可以直接烹饪

❷

和油搭配相得益彰提升营养吸收率

塌棵菜富含胡萝卜素、维生素B、钙等营养成分，和油一起炒菜有利于提升胡萝卜素的吸收率

❸

迅速加热

炒塌棵菜时要注意时间，因为塌棵菜很容易熟，基本上迅速炒一下即可，适当保留一些原生口感

挑选要点

菜叶较皱叶脉清晰

茎叶鲜绿，菜叶颜色尤其浓郁为佳。茎叶颜色区别明显的塌棵菜较好。菜叶较皱、叶脉清晰、茎部水润是新鲜的证明。

菜叶越大则越柔嫩，也越好吃。我们知道塌棵菜是冬季蔬菜，其菜叶越大、越伸展则越美味。

<叶>

叶大而肉厚、色浓绿、皱多为佳。菜叶越大则越软。叶脉清晰的塌棵菜比较新鲜

<茎>

茎有光泽、弹性且水润为佳。勿选茎部曲折、切口变色的塌棵菜

小松菜

遇霜愈甘
冬季的风物诗

　　小松菜是原产中国的一种腌渍用菜，是江户时代中期开始栽培的本地种，因为种植在东京的小松川（今江户川区）地区而得名。现在主要在关东地区种植。

　　小松菜全年均有栽培，但同芜菁和菠菜一样，其实是冬季时令的蔬菜。小松菜遇霜则去涩味且越发甘甜，菜叶肉厚而柔嫩。小松菜御寒能力强，可以说是冬季的风物诗。

　　小松菜营养丰富，它不仅富含可防癌的胡萝卜素和维生素C，还富含铁、磷、膳食纤维，其钙含量更是菠菜的3倍以上。钙元素不仅能强化骨质和牙齿，更有着维持心肌正常运作的功能。小松菜与富含维生素D的鱼虾贝类一起食用有助于有效摄取钙。因为涩味少，小松菜无须焯水，可直接烹饪。

冬

[黄绿色蔬菜]

[日本名]	小松菜
[英文名]	Komatsuna
[科·属]	十字花科　芸薹属
[原产地]	中国
[美味时期]	11~次年2月
[主要营养成分]	胡萝卜素、维生素C、钙、铁
[主要产地]	埼玉县/全年
	东京都/全年
	神奈川县/全年
	千叶县/全年
	大阪府/10~次年3月

Good! 挑选小窍门

◎ 菜叶内侧绿色浓郁而鲜艳，叶片开展近圆形

◎ 植株大，茎粗而挺直

切法

大块切法最流行
亦可切小

做炒菜、拌焯小菜时一般都是简单切大块。把生小松菜几片菜叶叠在一起从顶部开始切，小松菜加热后分量会变小，所以可以切得稍微大块些。

<切大块>

把小松菜几片菜叶叠在一起从顶部开始切大块

<切碎>

切至1厘米左右宽，口感独特

保存方法

润湿切口后
用报纸包好

用湿纸巾包好根部的切口后，再用报纸整个包好或者装进塑料袋里，立着放入冰箱存放。也可以煮硬后切小用保鲜膜装好放入冰箱冷冻存放，方便下次使用。

事前准备·烹饪要点

无须焯水
用油烹饪

与菠菜不同的一点是，小松菜涩味少，所以无须焯水，可以直接烹饪，不过其根部可能带有泥土，一定要仔细洗干净。小松菜具有独特的口感与色泽，强火快速炒熟即可享用到它爽脆的口感。

炒菜、拌焯小菜、味噌汤等，小松菜的适用范围很广。小松菜与油、蛋白质相性很好，推荐和虾蛄一起炒菜。

直接烹饪

小松菜涩味少，所以无须焯水，可以直接烹饪，非常方便。烹饪前先仔细洗干净，尤其是茎部，洗好后可以油炒，或者做凉拌菜

②

用油提高胡萝卜素吸收率

小松菜和油一起烹饪可以提高胡萝卜素的吸收率，但很容易流失维生素C

③

和虾蛄一起做拌菜

小松菜适当切小后，加油、虾蛄小炒。小松菜与富含蛋白质的虾蛄相性很好

挑选要点

选择无伤
青绿的小松菜

菜叶内侧绿色浓郁而鲜艳、叶片有张力为佳。整体呈青绿色的小松菜比较新鲜。如果茎部呈半透明状，已变色，则说明已经不新鲜了。植株大、水灵有张力的比较好。

茎粗，近根部的部分挺直的小松菜味道比较好。此外还要选择叶片柔嫩，叶片开展近圆形且不过大的小松菜。

<叶>

菜叶整体绿色浓郁而鲜艳的比较新鲜。叶片有张力且无伤为佳

<茎>

茎部有张力、水润为佳。出现曲折、变半透明色的小松菜不可选

水菜

口感爽脆而独特

　　水菜是日本特产的蔬菜，自古以来就在京都栽培，是知名的京野菜。菜叶细长而有深锯齿。栽培在田里时，作物和作物之间会引道水渠，由此而得名。也被称作"京菜"。

　　近年来日本全年均有水菜销售，但实际上水菜是冬季时令的蔬菜。水菜遇霜则茎部愈加柔嫩，风味也会更好。原产于京都的壬生地区附近的"壬生菜"是水菜的变种，风味独特，菜叶柔嫩。

　　水菜富含胡萝卜素和维生素C、钙、铁、膳食纤维，营养丰富而又均衡。水菜没有涩味，适合做各种菜肴，除了沙拉还适合做煮菜、炒菜、火锅等，口感爽脆。水菜有去臭效果，也很适合跟肉菜搭配。

冬

[黄绿色蔬菜]

[日本名]	水菜（京菜）
[英文名]	mizuna
[科·属]	十字花科　芸薹属
[原产地]	日本
[美味时期]	11～次年2月
[主要营养成分]	胡萝卜素、维生素C、钙、铁
[主要产地]	茨城县/全年，春秋为时令
	兵库县/全年
	京都府/全年
	埼玉县/全年
	福冈县/全年

Good! 挑选小窍门

◎菜叶鲜绿而水灵

◎茎部白而光洁，无伤

切法

事前准备·烹饪要点

可切大块
亦可切碎

一般水菜都是切大块，直接一把水菜从顶部开始切即可，口感爽脆。当然也可以切至1厘米大小，利于消化。

生食口感爽脆
可去肉腥味

因为口感爽脆，水菜生食是最受欢迎的。其实水菜没有涩味，适合各种类型的烹饪方法。烹饪水菜时为了不影响爽脆的口感，不能煮太久或者腌太久。水菜切碎后撒点儿盐会变软。

水菜具有去臭功能，可以和鸭、牡蛎一起煮火锅。

选择水润而
有弹性的水菜

菜叶呈鲜绿色且水润的水菜比较新鲜。挑选时还应看整体是否有张力，茎部是否有伤。植株大、茎部呈有光泽且鲜明的白色也是重要的参考依据。白色和绿色分界清晰为佳。水菜的魅力正在于它爽脆的口感，所以要避开茎部发软、曲折的。

＜切大块＞

一把水菜从顶部开始切大块

＜切碎＞

切至1厘米大小，适合做汤和面食的佐料

①

根部浸水恢复生气

水菜接触空气后茎叶会迅速变软，想让它恢复生气可以把根部浸在水里

②

洗净根部

一般买回来的水菜根部还带泥，可以泡水里仔细清洗干净

＜叶＞

菜叶有生气的水菜就比较新鲜。菜叶比较易受伤，挑选时应仔细检查

保存方法

用塑料袋装好
以防干燥

塑料袋装好立着放入冰箱存放即可。也可以先用报纸把整体包好后再用塑料袋装好。水菜很容易干，尽可能不要让它接触外面空气，要保持水润。

③

揉搓盐

生食水菜时可以加点儿盐揉搓，这样口感会变柔嫩。冬天的水菜会比较硬

＜茎＞

茎部呈鲜明白色的水菜比较新鲜。避开茎部已经呈半透明状、变色的

洋葱

有助于血液流通及预防各种疾病

日本正式栽培洋葱始于明治时代。近年来，4~6月会有新洋葱上市，但洋葱实际上属于冬时令的蔬菜。日本栽培较多的黄洋葱储藏性能很好，所以全年均有销售。除了黄洋葱，还有辛香味比较温和、适合生食的红洋葱。要想知道洋葱是否成熟，切开来看看就知道了。如果洋葱中间开始长出黄色的新芽，说明这个洋葱过了贮藏期，最好尽快食用完毕。

切洋葱时常容易被刺激得流泪，这是因为洋葱含有一种芳香成分烯丙基硫醚。烯丙基硫醚具有挥发性，用冷却过的快刀迅速切能减弱这种作用。烯丙基硫醚是葱类蔬菜共有的一种芳香成分，有助于吸收维生素B_1、刺激新陈代谢。此外，洋葱还具有促进血液流通，预防动脉硬化、糖尿病、脑血栓、高血压等疾病的效果。

冬

[浅色蔬菜]

[日本名]	玉葱
[英文名]	onion
[科·属]	百合科　葱属
[原产地]	中亚、西亚均有
[美味时期]	12~次年1月
[主要营养成分]	碳水化合物、维生素B群、维生素C、钾
[主要产地]	北海道/8月上旬~9月下旬
	佐贺县/4~5月
	兵库县/全年
	爱知县/1~7月
	长崎县/3月下旬~6月中上旬

Good! 挑选小窍门

◎顶部硬

◎浑圆鼓胀

◎表皮有光泽

洋 葱 小 知 识

切法

切圆片享用
口感与风味

想要最大程度发挥洋葱的口感与风味，切圆片是最适合的。切成瓣形不容易煮烂，适合土豆烧肉一类的煮菜；切角块适合做汤、炒菜、腌菜等。根据菜肴选择合适的切法吧！

<切圆片>

把洋葱两端切掉，逆着纤维切出圆片，厚度随意

<切碎末>

先将洋葱切薄片，再切碎末

保存方法

存放于
通风处

洋葱要存放在通风好的地方，可以用网袋装好放在阴凉处风干。已经切开的洋葱可以用保鲜膜包好放在冰箱里冷藏保存。还可以把洋葱炒至呈米黄色，切小份后用保鲜膜包好冷冻保存，方便下次使用。

事前准备·烹饪要点

泡水
去辛味

洋葱切好后泡在水里能够缓和辛味。切洋葱时会刺激得人流泪的辛味来自成分烯丙基硫醚，通过浸水、冷却能够抑制。

洋葱适合做各种菜肴，比如西式焖菜类的煮菜、炒菜、沙拉等。加热后更加甘甜，风味更为突出，还可以和大蒜一起炒，做成调味汁。

❶

顺着纤维切

顺着纤维切薄片口感比较爽脆（左）。逆着纤维切薄片则口感比较柔嫩（右）

❷

切洋葱前冷藏一下

洋葱去皮后用保鲜膜包好放入冰箱冷藏这样能够抑制烯丙基硫醚起作用

❸

加热后更加甘甜

洋葱的辛味成分烯丙基硫醚是诱发流泪的物质，但加热后会变成甘甜程度更甚砂糖数十倍的物质

挑选要点

触摸一下
选顶部硬的

洋葱顶部易伤，挑选时应当选择顶部比较硬的。不可选抽芽的洋葱。此外，表面的薄皮干而有光泽、呈通透的淡黄色为佳。

<硬度>

顶部硬。抽芽的洋葱不新鲜

<须根>

须根没有腐烂，表皮干燥

<外形>

整体浑圆而鼓胀。相同大小的洋葱选择更重的那个

菠菜

维生素类及铁质
富含女性所需营养成分

　　提到黄绿色蔬菜中的代表，就不得不说菠菜，菠菜富含胡萝卜素和维生素A、维生素B群、维生素C、叶酸、铁质等营养成分，尤其是女性所需的营养成分，可以说在所有蔬菜里菠菜算是营养价值相当高的。菠菜根部的红色部分富含甘甜的铁质和锰，也是可以食用的。

　　菠菜有亚洲种（产自中国，16世纪引进日本）和西洋种（产自欧洲，江户后期引入日本）。亚洲种菠菜菜叶顶端尖，叶肉薄，有牙齿状裂片，味甘；西洋种菠菜菜叶卵形，叶肉厚，涩味重。现在市场上比较常见的是两者中和后的品种。为适应生食需求而开发出来的红根菠菜和沙拉菠菜因味甘易食而极受欢迎。

　　菠菜全年均有销售，但冬季露地栽培的菠菜最为甘甜。

[黄绿色蔬菜]

[日本名]	菠薐草
[英文名]	spinach
[科·属]	藜科　菠菜属
[原产地]	西亚
[美味时期]	12~次年1月
[主要营养成分]	胡萝卜素、钾、铁、叶酸
[主要产地]	千叶县/全年
	埼玉县/几乎全年（除夏季）
	群马县/全年。露地栽培：10~次年6月；温室栽培：7~9月
	茨城县/几乎全年（除夏季）
	宫崎县/5月下旬~次年3月下旬

Good! 挑选小窍门

◎菜叶内侧色泽浓绿

◎菜叶有张力

◎切口水润

切法

切大块
最为普遍

一般菠菜都是切大块，一把菠菜从顶端开始切即可，非常简单。这是因为菠菜烹饪后体积会变小，所以可以放心切大块。

<切大块>

抓一把菠菜，从顶端开始切大块

<切碎>

切至1厘米宽，适合做点缀、装饰配菜

保存方法

用报纸包好
以防干燥

菠菜的水分都是从菜叶开始流失的，因此要用报纸将菠菜整体包好，再用塑料袋装好，立着放入冰箱存放。当然也可以煮硬后切小份，用保鲜膜包好冷冻保存，这样方便下次取用。

事前准备·烹饪要点

涩味重
需要焯水

菠菜涩味比较重，烹饪前需要焯一道水，不用煮太久。焯好后泡冷水冷却，这时也不能泡太久。因为维生素C比较容易流失，所以每一道步骤都要尽快。

富含维生素B群和蛋白质的猪肉与富含矿物质和膳食纤维的菠菜相性非常好。菠菜嫩煎也很有营养。

1

根部划刀口后清洗

焯菠菜前先在根部划上十字刀口，然后将容易残留泥土的根部洗干净

2

从茎部开始焯

热一锅水，加入少许盐，从根部开始放入菠菜，这样菠菜整体会热得比较均匀。焯好后泡在冷水中，注意不要浸泡太长时间

3

切菠菜前拧挤一下

抓一把菠菜，从根部开始小心拧，力度不可过大，否则会破坏菠菜组织

挑选要点

选择菜叶水润
的菠菜

选择菜叶内侧呈浓绿、菜叶有张力而伸展、水润的菠菜。避开特别皱缩的菠菜。茎部直径1厘米左右的菠菜口感最好。

根部大、切口水润是新鲜的证明。菠菜根部的红色部分味甘甜，富含铁质和锰，食用有助于吸收营养。

<色泽>

菜叶内侧呈鲜绿色，菜叶有张力而伸展

<粗细>

茎部挺直，粗1厘米左右为佳

水芹

富于独特的风味
日本原产的蔬菜

　　早春时节，水芹生于水边及湿地，到夏天时枝头会开出白色的花。水芹有着独特的风味，是日本的"春七草"之一。

　　早春的水芹柔嫩而芳香，根、茎、叶均可食用。水芹的栽培方式有水田栽培和田地栽培，其作物分别为水芹和土芹，其中水芹涩味较轻。自生于小河及泉水里的水芹有毒，是毒芹，不可食用。鸭肉与水芹相性很好，水芹煮鸭肉和鸭肉杂烩粥都很有名。

　　水芹含有胡萝卜素、维生素B和维生素C，有助于增进食欲，还具有解毒作用。此外，水芹还含有能够预防高血压的钾和改善便秘的膳食纤维，再加上能够缓解神经痛和风湿症，作为民间方药的水芹被广泛使用。

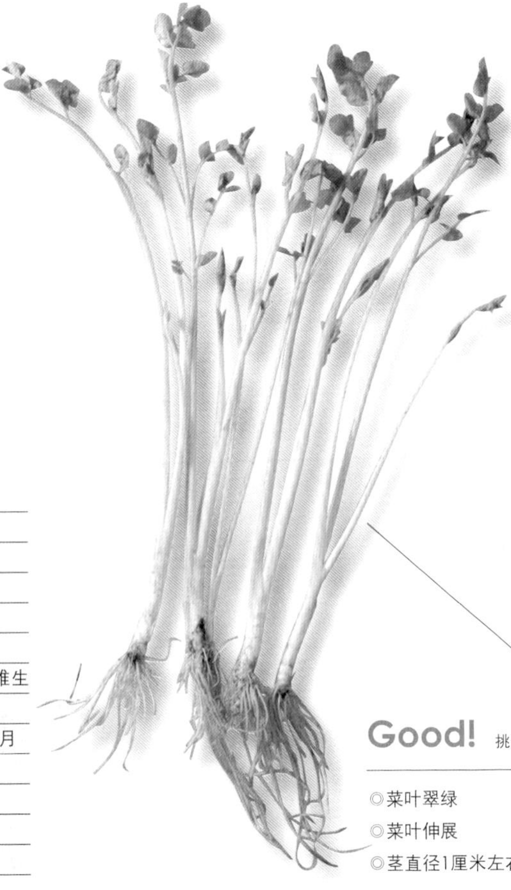

冬

[黄绿色蔬菜]

[日本名]	芹
[英文名]	water dropwort
[科·属]	伞形科　水芹菜属
[原产地]	日本
[美味时期]	1～2月
[主要营养成分]	胡萝卜素、维生素C、钾、膳食纤维
[主要产地]	茨城县/11～次年3月
	宫城县/9～次年4月
	大分县/3～5月
	秋田县/全年（除11月）
	广岛县/9～次年4月

Good! 挑选小窍门

◎菜叶翠绿

◎菜叶伸展

◎茎直径1厘米左右

水 芹 小 知 识

切法

切大块
最为普遍

水芹简单切大块可以做凉拌菜和天妇罗，切碎末可以撒在拉面等汤食上做点缀。水芹香味重，味道浓郁，有着不输任何食材的风味。

<切大块>

抓一捆水芹，从顶部开始切大块

<切碎末>

切至1厘米左右宽的碎末，可做菜肴的点缀装饰

保存方法

用塑料袋装好
以防干燥

将水芹根部切掉一点，然后用湿纸巾或报纸轻柔地包好以防干燥，接着放入塑料袋中，或者用报纸将整体包好，立着放入冰箱冷藏存放。塑料袋要从水芹顶部开始套，这样能比较彻底地防止干燥。

事前准备·烹饪要点

享用香味蔬菜
独有的芳香

处理涩味较重的水芹时可以焯一道再浸泡在冷水里以去涩味。为了避免营养流失，浸泡时间不可过长。

把水芹煮硬后拧干，切至合适大小后分成小份，用保鲜膜包好后放入冰箱冷冻存放，这样方便下次取用。水芹可以撒在拉面、汤上做点缀。当然水芹还可以做拌炒水芹、凉拌菜、天妇罗、味噌汤等，适用范围很广。

❶

仔细清洗根部

水芹根部往往带有很多泥土，最好接一盆冷水，泡在水中仔细清洗，注意不要伤到茎部

❷

从茎部开始焯

热一锅水，加少许盐，从茎部开始将水芹放入热水中，这样水芹整体能热得比较均匀。焯好后在冷水中浸泡一下，迅速捞起

❸

独特的芳香是水芹的魅力所在

可以说水芹的魅力就在于它的芳香，和其他风味芳香不足的食材一起炒制也能享用到水芹独有的美味

挑选要点

从根部到菜叶
都挺直有张力

菜叶翠绿，整根水芹从根部到菜叶都挺直有张力的比较新鲜。不要选茎部曲折、根部已变褐色的水芹。

水芹是有着清爽芳香和爽脆口感的蔬菜，茎部太粗的水芹会比较硬，直径1厘米左右的最好。初春的水芹是良品。

<张力>

菜叶翠绿，整根水芹从根部到菜叶都挺直有张力的比较新鲜。不要选茎部曲折、根部已变褐色的水芹

<颜色>

水芹不新鲜后茎的根部就会变褐色，而新鲜的则应是绿色且水润的

韭菜

营养满分
精力蔬菜的代名词

　　韭菜原产地不明，一般说是东亚，日本的韭菜是从中国引进的。《古事记》和《万叶集》中都有对韭菜的记载，可见从很早起韭菜就作为药草被使用。

　　近年来市场上销售的韭菜品种大部分都是绿带韭菜，日本全国各地均有栽培。韭菜叶呈黄绿色，夏末会开白色的小花。韭菜大致可分为柔嫩而优质的宽叶韭菜和菜叶小但不易受伤的窄叶韭菜。

　　韭菜可以说是精力蔬菜的代名词，它不仅富含胡萝卜素、维生素B₂、维生素C，还含有钙和钾，营养非常丰富。韭菜与肉类搭配有助于促进维生素B₁的吸收以及糖分的分解，所以很适合与维生素B群含量丰富的肝脏、猪肉一起烹饪。

冬

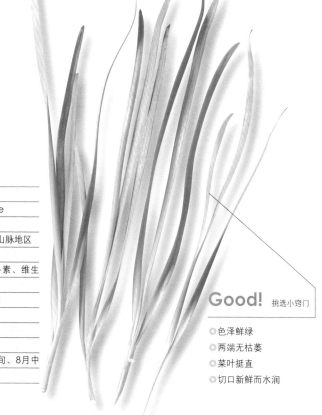

[黄绿色蔬菜]

[日本名]	韭、二文字
[英文名]	Chinese chive
[科·属]	百合科　葱属
[原产地]	东亚、阿尔泰山脉地区
[美味时期]	2～3月
[主要营养成分]	胡萝卜素、维生素B₂、维生素C、钙
[主要产地]	高知县/全年
栃木县/全年	
茨城县/几乎全年	
群马县/全年	
宫崎县/10～次年5月上旬、8月中旬～11月中旬	

Good! 挑选小窍门

◎色泽鲜绿

◎两端无枯萎

◎菜叶挺直

◎切口新鲜而水润

韭 菜 小 知 识

切法

切大块
方便烹饪

韭菜补气益阳，具有独特的刺激性气味。炒韭菜时可以切得比较大块，因为加热后体积会缩小。

<切大块>

捋一把韭菜，从顶部开始切大块，适合炒菜

<切碎>

捋一把韭菜，从顶部开始切碎，可以在炒菜、火锅中提味

保存方法

湿润根部
冷藏存放

用湿纸巾或报纸将根部切口处包好，放入塑料袋中，立着放到冰箱里冷藏存放。韭菜易干燥也易伤，所以要确认从根部到顶部都用塑料袋包好了，尽量不让韭菜接触到外面的空气。

事前准备·烹饪要点

和含有维生素B群的食材
是最佳搭档

韭菜焯水、泡水冷却后加点鲣鱼干、酱油就能做成拌焯韭菜，非常简单美味。

韭菜炒肝不仅美味，还很营养。这是因为韭菜的芳香成分烯丙基硫醚能够促进体内消化酶的分泌，提高维生素B_1的吸收率，而与富含维生素B群的肝一起炒就能起到事半功倍的效果。

只需切掉一点根部

韭菜越靠近根部的部位芳香成分比顶端更强也更美味，所以处理韭菜根部时只切掉1厘米长即可

❷

捆住根部煮

煮韭菜时为了防止被沸水滚散，可以把根部捆住，这样捞起来也很方便

❸

避免过度加热

韭菜加热后其特有的刺激性气味会缓和，但其色泽和风味可能会受影响，因此和其他食材一起炒菜时，韭菜应当最后放

挑选要点

看根部切口
是否新鲜

新鲜的韭菜应当整体呈鲜绿色，菜叶挺直有张力且水润。不要选茎部曲折、菜叶枯萎的韭菜。水分都是从菜叶蒸发掉的，而且菜叶很易受伤，所以如果菜叶萎蔫，色泽呈半透明，就说明这个韭菜已经不新鲜了。

不新鲜的韭菜根部的切口也会变得很干燥，呈茶褐色，挑选时应当注意。

<叶尖>

新鲜的韭菜叶应当挺直有张力。避开菜叶曲折、萎蔫的韭菜

<根部>

不新鲜的韭菜根部的切口会变得很干燥，呈茶褐色，挑选时应当注意

这是一份幸福烹饪法，教你简简单单就能提炼出蔬菜的美味

冬季蔬菜烹饪法

渐渐温暖身体的
冬季蔬菜。
这个寒冷的季节
就由盛满各类蔬菜的火锅
和暖暖的料理来陪伴你。

冬

白菜、大葱、牡蛎的味噌泡菜锅

由内而外温暖你的冬季必备菜肴。
火锅能同时煮多种蔬菜，非常健康。

材料（2人份）
▼▼▼▼▼▼▼▼▼▼

- 白菜……1/6棵
- 大葱……2根
- 水菜……1/4把
- 牡蛎……300克
- 泡菜……100克
- 海带……10 厘米 x 10厘米
- 酒……1大匙
- 豆瓣酱……1/2大匙
- 味噌……2大匙
- 白芝麻……适量

做法
▼▼▼▼▼▼▼▼▼▼

1. 白菜削成每片一口的分量；大葱斜切；水菜切至4~5厘米长。
2. 用盐水清洗牡蛎后沥干水分。
3. 泡菜切至合适的大小。
4. 把海带铺在砂锅底，摆放上蔬菜，加水没过食材，盖上盖中火加热。
5. 蔬菜煮至8分熟左右就可以往里面放酒、豆瓣酱、泡菜和牡蛎了，盖上盖继续煮。
6. 沸腾且牡蛎煮软后放入味噌搅拌，然后放水菜。
7. 可适量撒点白芝麻。

白菜需要削片，斜着从较硬的茎部下刀，这样比较容易煮熟，也容易入味。如果还觉得大可以再切小份

冬

菜 谱 2

水芹·水菜·鸡胸肉棒棒鸡沙拉

充满芝麻香喷喷风味的冬季蔬菜沙拉。
水芹与水菜、鸡胸肉的绝佳搭配。

材料（2人份）

▼ ▼ ▼ ▼ ▼ ▼ ▼ ▼ ▼ ▼

- 水芹……1把
- 水菜……1/4把
- 鸡胸肉……2片
- 酒……1大匙
- 白芝麻……适量

棒棒鸡酱

A
- 白芝麻……2大匙
- 甜菜糖……1大匙
- 醋……1大匙
- 芝麻油……1/2大匙
- 鸡胸肉蒸出来的汤汁

做法

▼ ▼ ▼ ▼ ▼ ▼ ▼ ▼ ▼ ▼

1. 鸡胸肉去筋，放入可加热餐具里，加酒，用保鲜膜盖好放入微波炉热1分半钟，拿出来翻面，再加热1分半钟，静置冷却。冷却后将鸡胸肉撕碎。这一步中蒸出来的鸡胸肉的汤汁要做棒棒鸡酱料，需留着。
2. 焯水芹，切至3～4厘米长。
3. 水菜切至3～4厘米长。
4. 调棒棒鸡酱。
5. 将步骤1～3中处理好的食材混合，然后加入棒棒鸡酱搅拌。可以适量撒些白芝麻。

注意倒棒棒鸡酱的时间，要在开始食用前倒入搅拌。这是因为倒了酱料后，水菜会开始渗出水分，时间一长沙拉里就会有很多水，不仅味道会大打折扣，水菜原先的爽脆口感也没了

萝卜菠菜炸饼

萝卜做的炸什锦清淡而暖热。
享受这无可比拟的口感吧，蘸点儿橙汁酱油，清爽不油腻。

材料（2人份）

▼▼▼▼▼▼▼▼▼

- 萝卜……200克
- 菠菜……1/4把
- A [低筋粉……50克
- A [水……100毫升
- 油……适量
- 萝卜泥……适量
- 橙汁酱油……适量

做法

▼▼▼▼▼▼▼▼▼

1. 萝卜切丁，撒盐揉搓，静置一会儿待萝卜里的水都出来后，沥干，挤掉水分。
2. 用盐水焯菠菜，焯好后切至1～2厘米长，挤掉菠菜水分。
3. 将A部分材料混合，加入步骤1～2中的食材拌匀。
4. 热油，摊饼，慢慢炸至金黄。
5. 盛盘，放点儿萝卜泥做装饰，可以蘸橙汁酱油食用。

萝卜需要用盐揉搓。萝卜切好后放到碗里，加点儿粗盐就可以揉搓了。先把萝卜里的水分去除可以避免待会儿油炸过程中渗水，这样炸出来的饼会更好吃

冬

菜 谱 4

芜菁韭菜盖浇饭

看着满满一大碗，其实味道很清淡，发挥了生姜的风味。
米饭用白米也很美味。趁热享用吧。

材料（2人份）

- 芜菁……2个
- 韭菜……1/4把
- 芝麻油……1/2大匙
- 大蒜……1只
- 生姜……1块
- 鲜汁汤……300毫升
- 虾干……2大匙
- 3分精米或白米
  ……2碗量

A
- 甜菜糖……2小匙
- 自然盐……1小匙
- 酱油……1小匙
- 蚝油……1小匙

B
- 猪芽花淀粉
  ……1大匙
- 水……1大匙

做法

1. 平底锅下芝麻油，放入切成细丝的大蒜和生姜，弱火炒。
2. 有香味出来后下芜菁，炒出焦黄色后下韭菜，快炒。
3. 下鲜汁汤和虾干，盖上锅盖煮5分钟。
4. 倒入A部分材料，尝一下咸淡是否合适。倒入搅拌好的B部分材料，弱火煮至沸腾勾芡。
5. 装一盘饭，浇上步骤4做好的浇头。

韭菜很容易煮熟，所以只要稍微炒一下即可。韭菜营养价值高，和油相性又好，有助于提升维生素A的吸收率。而且韭菜性温，冬天食用可谓再合适不过了

西蓝花柠檬磅蛋糕

就连不爱吃西蓝花的小孩子
都会爱上的磅蛋糕。

材料（20厘米 x 20厘米磅蛋糕模具，1个份）

- 西蓝花……生的140克
  （加热后果酱状的西
  蓝花则120克）
- 无盐黄油……90克
- 砂糖……70克
- 柠檬皮……1个（最
  好是日本产的有机品
  种）
- 鸡蛋……2个（100
  克）
- 低筋粉……70克
- 玉米淀粉……20克
- 发酵粉……1小匙
  [柠檬汁]
- 柠檬（榨汁）……半个
- 绵白糖……20克
  [柠檬果脯]
- 柠檬（皮）……1个
- 水……60毫升
- 砂糖……30克

做法

1. 西蓝花去茎，分成一小簇一小簇后煮一下，然后用
   搅拌器打成果酱状。
2. 软化的无盐黄油和砂糖、柠檬皮放入室温下的碗
   中，搅拌至呈白色。
3. 加入打好的鸡蛋和步骤1中的西蓝花果酱，搅拌。
4. 加入低筋粉、玉米淀粉、发酵粉，搅拌细腻。
5. 倒入模具中，烤制160℃烤45分钟。
6. 做柠檬汁，榨好的柠檬汁中放入绵白糖搅拌均匀，
   放微波炉热30秒使绵白糖完全溶解。
7. 趁烤好的磅蛋糕还热，用刷子把柠檬汁刷满整个蛋糕。
8. 做柠檬果脯，柠檬皮切细丝，焯水，水和砂糖煮成
   糖浆，把焯好的柠檬皮放糖浆里煮10分钟至软化。
9. 柠檬果脯放蛋糕上做装饰。

西蓝花一定要用搅拌器打成顺
滑的果酱；在放入各种粉之
前，西蓝花果酱一定要和其他
材料搅拌均匀

花椰菜甜橙芝士蛋糕

花椰菜果酱满满
健康的芝士蛋糕。

材料（直径6厘米模具，6个份）

- 花椰菜……生的130克
  （加热后果酱状的花
  椰菜则100克）
- 烤硬饼干……60克
- 无盐黄油……40克
- 奶油奶酪……150克
- 绵白糖……3大匙
- 鸡蛋……1个
- 酸奶……2大匙
- 橙子……1个（其中切一
  片做装饰，半个榨橙汁，
  剩下的去皮将果肉切丁）
- 柠檬汁……2小匙
- 鲜奶油……25毫升
- 装饰用花椰菜……适量

做法

1. 铝箔纸做模具底。
2. 用搅拌器把饼干搅细碎，混入无盐黄油垫在模具
   里做蛋糕底。
3. 花椰菜留一小簇花球做装饰，剩下的去茎，分成一
   小簇一小簇后煮一下，然后用搅拌器打成果酱状。
4. 奶油奶酪中拌入绵白糖，顺次加入打发好的鸡
   蛋、酸奶、半个橙子榨出的橙汁、柠檬汁、鲜奶
   油、步骤3中打好的花椰菜果酱、橙子果肉，搅
   拌打发。
5. 将打发好的材料倒入模具中，放上切好的装饰性
   花椰菜片和橙子片；烤箱200℃烤10分钟，然后
   160℃再烤20分钟。烤的过程中如果发现出现焦
   黄色，则最后10分钟用铝箔纸盖好再烤。
6. 烤好后静置待冷却，冷却后放入冰箱冷藏层冷
   却，之后就可以从模具中取出了。

没有搅拌机的话，饼干可
以用塑料袋装着，用擀面
杖捣碎。用分餐勺把蛋糕
料倒入模具中比较方便。
把花椰菜片和橙子片放在
每份蛋糕料上做装饰

蔬菜，是生长于那片土地的人民的智慧

传统蔬菜

你的了解是
正确的吗？

在日本各地，被称作"传统蔬菜"的本土品种和地方品种蔬菜一直很受关注。
让我们感受一下适应各地风土环境而长成的，富于多样性的蔬菜的魅力吧。

图片来源：爱知县（十六豇豆）/大阪府（难波传统野菜）/金泽市农产品品牌协会（二塚芥子菜、源助萝卜）/京之故里产品
协会（京野菜）/浪速鱼菜会（难波传统野菜）/宫城县仙台农业改良普及中心（余目葱）
取材协助：森下正博　文：佐藤良子（难波传统野菜）

我们通过传统蔬菜的名字，比如毛马胡瓜、胜间南瓜等可以知道，在蔬菜的种类"胡瓜""南瓜"前扣上产地、特性名词以区别于其他蔬菜的，就是传统蔬菜品种的名字。

传统蔬菜是经过当地几代居民传承、培育下来的食物，很好地适应了当地的风土环境。从古代起人们就依靠野菜、山菜为食，对当地人而言这些就是"家常便饭"。这些各个季节能收获的蔬菜强壮人们的身体以抵御寒冷与酷热的气候变化，对当地人而言是非常重要的食物。

传统蔬菜

我们经常听说某地的传统蔬菜得到了重生，这给我们一种传统蔬菜是很高级的品牌蔬菜的感觉，但实际上传统蔬菜就是指从很久远起就生长在日本的本土品种和地方品种蔬菜。

对传统蔬菜的定义跟时间长短有很大关联，各个府县的定义不同，有要求50年以上历史的，也有要求100年以上历史的。一般而言，传统蔬菜就是指在某一地区自生或栽培了一定时间以上，且现在又复兴了的蔬菜。

了解日本的传统蔬菜

日本全国传统蔬菜

日本全国的传统蔬菜品种繁多，
在这里我们先来认识一些具有代表性的吧！

1 青森县

传承于城下町弘前的
珍贵的营养源津轻冬野菜

青森县盛产蔬菜，自给率达到115%。以弘前、五所川原为中心的青森县西部地区传承着津轻传统野菜，这是在蔬菜很少的寒冷时期里也能享用到的冬季蔬菜。下图是名为清水森难波的津轻传统辣椒。

几种传统蔬菜：
- 清水森难波
- 大鳄温泉豆芽
- 岩木一町田水芹
- 深浦雪胡萝卜
- 冰温大蒜

2 宫城县

富饶的自然
孕育着四季的蔬菜

随着仙台传统蔬菜复活事业的起步，仙台传统蔬菜逐渐受到关注。仙台传统蔬菜有很多特别的品种，例如，因为地下水位比较高，而需要把已经长大的葱放倒重新种植，最终培育出的弯曲的余目大葱（如图），还有仙台雪菜、芭蕉菜等。

几种传统蔬菜：
- 余目大葱
- 仙台白菜
- 仙台雪菜
- 空取芋
- 仙台芭蕉菜

3 长野县

不只有三大腌渍用菜之一的野泽
菜还拥有众多有魅力的传统蔬菜

长野县有信州传统蔬菜认证制度，它不仅有野泽菜这样全国知名的蔬菜，还有柔嫩甘甜、一根枝上只能结10个左右果实的鼎座茄子（如图），自江户时代就开始栽培的松本一本葱，自江户时代起就作为调味料而传承下来的鼠萝卜这些具有多年历史的传统蔬菜。

几种传统蔬菜：
- 野泽菜
- 鼠萝卜
- 松本一本葱
- 亲田辛味萝卜
- 鼎座茄子

4 东京都

江户传统蔬菜是
江户人冬季的储粮

江户时代，大名想吃地方蔬菜时会命令手下把种子拿来栽培，这就是江户传统蔬菜的源头。江户传统蔬菜多为像练马萝卜（如图）一样在蔬菜较少的冬季可以作储粮的蔬菜。东京都内的练马区、江户川区、小金井市，其他县如埼玉县均有栽培。

几种传统蔬菜：
- 练马萝卜
- 小松菜
- 谷中生姜
- 千寿葱

5　石川县

同乡土料理结合
加贺野菜成为全国名牌

　　石川县临山傍海的自然环境为饮食文化的发展提供了温床。因为交通不便，当地人开始发展量少但品种多的生产，以保证自足，在这一过程当中传承下来的就是加贺野菜。把加贺莲藕（如图）切细后蒸可以做成加贺的乡土料理"蒸藕"，可以说加贺莲藕是加贺乡土料理中不可或缺的存在。

几种传统蔬菜：

● 加贺莲藕
● 加贺太黄瓜
● 金时草
● 二塚芥子菜
● 赤芋茎

7　京都府

与京都料理一同发展的
一大品牌·京野菜

　　京都先于其他自治体，早在1987年就认证了本地的传统蔬菜。平安京时代起京都就云集了众多人与物，首都迁到江户后各地的农作物也依然保留了下来。京都距海远，多神社和佛阁，孕育出了以蔬菜为重点的精进料理和本地蔬菜品种。

几种传统蔬菜：
● 贺茂茄子
● 虾芋
● 圣护院萝卜
● 堀川牛蒡
● 山科辣椒

6　爱知县

温暖的气候与水土
孕育了丰饶的传统蔬菜

　　爱知县气候温暖，水土条件优越，自古以来就盛产蔬菜果物。尾张地区有从事种苗贩卖的生意人，将种苗卖给农家，这样就产生了新的蔬菜品种。爱知县生产十分优异的蔬菜，如嫩荚供食用的夏季蔬菜十六豇豆（如图），浑圆的宫重萝卜等。

几种传统蔬菜：

● 十六豇豆
● 越津葱
● 宫重萝卜
● 坚瓜
● 大高菜

9　大阪府

维持着食之都大阪的
难波传统野菜

　　维持着食之都大阪的是难波传统野菜。在大阪，除了被认证为传统蔬菜的品种，其他种类的蔬菜也很繁多。大阪郊外的农村种植着鸟饲茄子和高山牛蒡、毛马黄瓜等作物，还有天满的菜市场，优秀的笃农家辈出。

几种传统蔬菜：

● 鸟饲茄子　　● 胜间南瓜
● 高山牛蒡　　● 守口萝卜
● 毛马黄瓜

8　奈良县

千年古都平城京的
特色传统蔬菜

　　千年古都奈良有很多兼具历史与传统的蔬菜。图中的大和真菜是一种十字花科的腌渍用菜，具有无可比拟的优越风味。此外，奈良的传统蔬菜中还有黏性强的大和芋、口感佳的大和半白黄瓜、大和中大叶春菊等美味的蔬菜。

几种传统蔬菜：

● 大和真菜　　● 大和圆萝卜
● 大和圆茄子　● 大和半白黄瓜
● 大和芋

11 广岛县

矢贺莴苣、笹木三月子萝卜等
传统蔬菜陆续复兴

自2003年起广岛传统蔬菜复兴事业的实施，广岛市的传统蔬菜随之复兴了。广岛市的传统蔬菜不仅有与九州的高菜腌菜、信州的野泽腌菜并列日本三大腌渍用菜的广岛菜（如图），还有拥有独特芳香与风味的观音葱，带有些许苦味的矢贺莴苣，肉质绵密不易煮烂的笹木三月子萝卜等。

几种传统蔬菜：
● 广岛菜
● 矢贺莴苣
● 观音葱
● 笹木三月子萝卜
● 观音叶牛蒡

10 高知县

仅供自给
致力货真价实的传统蔬菜

高知县是盛产阳荷、生姜的园艺王国。日本全国市场上销售的高知县出品的传统蔬菜种类不多，都是仅供自给但保证货真价实的传统蔬菜，比如弘冈芜菁、十市茄子、入河内萝卜等。

几种传统蔬菜：
● 弘冈芜菁
● 十市茄子
● 入河内萝卜

13 鹿儿岛县

不是只有樱岛萝卜
还有很多富有个性的传统蔬菜

鹿儿岛气候温暖，土壤丰饶，有被吉尼斯纪录认证的世界上最重的萝卜樱岛萝卜（如图）和奄美地区的菊科多年生草本植物紫背菜等14种富有地方特色的蔬菜被选定为"鹿儿岛传统蔬菜"。

几种传统蔬菜：
● 樱岛萝卜　　　　● 养母西瓜
● 萨摩大长苦瓜　　● 大野芋芋茎
● 紫背菜

12 长崎县

有出自长崎的传统蔬菜
也有外来扎根的蔬菜

在日本的锁国期间，长崎作为日本的贸易港口十分繁荣，当时从中国传来了长崎白菜（唐人菜）等蔬菜，所以长崎的传统蔬菜多有很强的异国感，也有很多蔬菜的历史十分有趣，比如在日本和历九月九日举行的传统活动中用来做醋拌菜的长崎红芜菁，和柚子、瓯橘品种不同的香酸柑橘幽香（如图）等。

几种传统蔬菜：
● 长崎白菜（唐人菜）
● 长崎大芥菜
● 长崎红芜菁
● 幽香
● 红萝卜

14 冲绳县

亚热带气候孕育出
富含维生素的冲绳蔬菜

冲绳县是日本唯一属于亚热带气候的地区，有着许多其他地方没有的蔬菜。在狭长的冲绳岛上，中南部种植着蔬菜，北部盛产水果。冲绳的蔬菜主要有凉瓜（冲绳岛对苦瓜的称呼）、冲绳丝瓜、冲绳辣椒等与冲绳的乡土料理密切关联的蔬菜。

几种传统蔬菜：
● 凉瓜
● 冲绳丝瓜
● 冲绳辣椒
● 红瓜
● 番木瓜

京野菜依然盛行板车、拖车上销售的方式，多为熟客光顾

各地传统蔬菜复兴的
运动高涨

20世纪60年代起，日本的饮食生活发生剧烈变化，人们不太将蔬菜做煮菜、腌菜和干菜了，而是向着以生蔬菜为中心的生产、流通方向发展。传统蔬菜渐渐离开了人们的视野，其产量也逐渐减少。同时，在战争期间作为增加粮食产量的一环而开展的品种改良技术得到了进步，原先自己取用第二年要栽培种子的农家开始采用种苗公司生产的产量及耐病虫性高的一代杂种品种，传统蔬菜更加没有市场了。

昭和30年代（1955—1964年）的金时人参的装货场景

然而近年来，随着人们对饮食安全的关注与慢食运动的兴起，出现了回归日本型饮食生活的态势，传统蔬菜再次出现在了我们的眼前。在这一过程中，要求被一部分农家和研究机构保存的传统蔬菜再次亮相的呼声越来越高，各地开始了复兴传统蔬菜的运动。

日本各地兴起的复兴传统蔬菜的运动其实并不是政府主导的。有着保护意识的人们是发自内心想要为复兴传统蔬菜贡献自己的一份力量。在栽培者、运输者、烹饪加工者的协力下，传统蔬菜逐渐复活。

昭和初期的练马萝卜的晒干场景。过去到处都有种植练马萝卜

适应当地风土和
历史的蔬菜就是传统蔬菜。
传统蔬菜是人类为了生存而顺应当地风土
所产生的智慧的结晶

左）为了不让加贺野菜的种子和其他品种杂交而努力守护、传承着
右）筑地市场（东京都中央批发市场）里，中间批发商正在处理"东京城市蔬果"

传统蔬菜是适应气候风土而生长的

橘生淮南则为橘，生于淮北则为枳

没有什么蔬菜像萝卜一样"认地儿"了。
换个环境，别说味道，就连外形也会改变。

大阪府

守口萝卜

守口腌菜是名古屋特产，而它的发源地其实是大阪天满宫附近。守口萝卜直径仅有数厘米，但全长能达到130~150厘米。

资料	
发源：	大阪市北区（大阪天满宫附近）
时令：	12月初~12月中旬
食用方法：	酒糟腌渍（守口腌菜）

京都府

圣护院萝卜

京都的笃农家将尾张国奉纳来的萝卜种植在圣护院，渐渐地，萝卜越长越圆，成了现在的圣护院萝卜。圣护院萝卜微甜，没有苦味，长时间加热也不会煮烂，入口即化。

资料	
发源：	京都市左京区（圣护院附近）
时令：	10月下旬~次年2月下旬
食用方法：	煮萝卜蘸酱

石川县

源助萝卜

发源于金泽市安原地区，外形呈矮胖的圆柱体。肉质柔嫩，虽有辛味，但煮后甜味会增强，非常美味。源助萝卜是金泽的乡土料理萝卜寿司里不可缺少的材料。

资料	
发源：	石川县金泽市
时令：	10月下旬~次年1月中旬
食用方法：	萝卜寿司（金泽的乡土料理）

东京都

龟户萝卜

　　龟户萝卜原先是自生于土手地区的野生种，江户时代开始人工栽培。龟户萝卜生长于荒川水系哺育出的肥沃的黏土质土壤之中，因而肉质绵密，肌肤白亮。

资料	
发源：	东京都江东区
时令：	10～次年5月
食用方法：	早春时节的龟户萝卜可根叶一起做爆腌萝卜

东京都

练马萝卜

　　德川幕府第五代将军纲吉从尾张（爱知县）取来种子，与练马地区的种子交配而成。练马萝卜多用于做泽庵腌菜（日式酱菜的一种，将干萝卜用米糠和食盐腌制而成）。现在东京都内的练马区等地依旧有栽培。

资料	
发源：	东京都练马区
时令：	11月下旬～次年1月
食用方法：	泽庵腌萝卜

东京都

三浦萝卜

　　三浦萝卜是练马萝卜自然杂交出的冬季萝卜，自古起种植于三浦半岛，1925年得名。三浦萝卜可达50～60厘米，中段稍粗，体型较大，柔嫩而多水。

资料	
发源：	神奈川县三浦市
时令：	11～12月
食用方法：	煮菜、煮萝卜蘸酱、生鱼片的配菜

东京都

大藏萝卜

　　大藏萝卜种植于世田谷的大藏原地区，1953年进行了品种改良并登记在案。后来因为出现了栽培和收获都更容易的青首萝卜，销售大藏萝卜的人员急剧减少。大藏萝卜整体粗细均匀，非常适合做关东煮。

资料	
发源：	东京都世田谷区
时令：	11～12月
食用方法：	煮菜、关东煮、腌菜

秋冬美味的平民储粮

江户野菜

因为独特的气候和土质，
江户传统蔬菜生长于土地之中，
为冬时令蔬菜，
且多属于根菜类。
也就是说，冬天的江户野菜最为美味。

江户野菜属于平民
简单质朴

在大都市东京的一角，有着悠久历史与传统的"江户野菜"从江户时代起传承至今。

江户时代因为实行参勤交代制度，居住在江户的大名想要食用老家的蔬菜，就会把种子带到江户，让当地的农家栽培，这样大家就都知道这种蔬菜的味道是很不错的，渐渐地，周边的农家也开始种植。经过大量品种改良，优质的蔬菜诞生了，出产于江户的蔬菜扩散到了全国各地。

龟户萝卜

时令：10～次年5月

原先是自生于土手地区的野生种，江户时代开始人工栽培，大正时代取地名起了"龟户萝卜"之名。龟户萝卜生长于荒川水系哺育出的肥沃的黏土质土壤之中，因此肉质绵密，肌肤白亮。过去早春时节的龟户萝卜可根叶一起做爆腌萝卜食用。

春

3	4	5

练马萝卜

时令：11月下旬～次年1月

德川幕府第五代将军纲吉为了治疗脚气居住在练马地区时，从尾张（爱知县）带来了种子，与练马地区的种子交配而成了现在的练马萝卜的祖先。练马萝卜多用于做泽庵腌萝卜，现在东京都内的练马区等地依旧有栽培。

千寿葱

时令：全年

在关西地区，青葱是主流，但传至江户时，人们觉得绿色的部分不能食用，所以种植时就埋得很深，于是像千寿葱这样的白葱就流行了起来。千寿葱比普通的葱卷得更紧实，有15～17卷。

从江户走向日本全国各地的蔬菜中有牛蒡（发源于北区泷野川的泷野川牛蒡是始祖之一）、芜菁（发源于葛饰区金町的金町小芜菁是始祖之一）等。

江户野菜全国驰名，然而随着日本都城从江户到东京的转变，时代发生了变化。第二次世界大战后随着肉食的普及，日本人的饮食生活中欧美风逐渐占了主流，而被称作传统蔬菜的本地品种渐渐离开了人们的视野，日本开始发展以生蔬菜为重点的生产、流通事业。加之东京都中心急速宅地化，农地消失，江户野菜一度面临存亡危机。

在这样的情况下，依然有一部分农家重视、保护着江户蔬菜。而且有些公司，例如在生产泷野川牛蒡的泷野川地区的种苗公司也持着"决不能让当地的传统蔬菜消失"的强烈意念，守护、传承着泷野川牛蒡，江户野菜的传统还是得以保存了下来。

谷中生姜

时令：7月末～9月

　　谷中生姜收获的是生姜带叶的新根（带叶鲜姜），是江户野菜中少有的夏天的蔬菜。谷中生姜多用于做菜肴的配菜、下酒菜，江户人十分青睐。做甜醋腌菜也很美味。

芯取菜

时令：全年（仅上货时期）

　　芯取菜改良自十字花科的唐人菜，去除了柔嫩的芯的部分，用于做日式汤，因而得此名。芯取菜全年均可种植，但由于现在的生产者比较少，上货时期也比较有限。其口感与白菜相似。

夏

6	7	8

小松菜

时令：全年

　　小松菜自江户时代起就栽培于江户川区的小松川地区，是绿色蔬菜之王。"小松菜"是德川幕府第八代将军吉宗起的名字。现在种植于关东一带，全年均可销售，但本身是冬时令蔬菜。小松菜是东京风味的杂煮中不可缺少的一道蔬菜。

后关晚生

时令：不定

　　后关晚生是自古以来就有栽培的本土小松菜品种，现在因为产量减少而物以稀为贵。色泽浓绿，从茎部下方起即长有菜叶，口感柔嫩而美味，可以做各种菜肴，例如拌焯青菜和炒菜。

现在江户野菜的产地正在往东京郊外和埼玉县迁移，埼玉县新座市代代相传的农家都开始栽培泷野川牛蒡，传承守护江户野菜的意志。

筑地市场的中间批发商、蔬果店、饮食店等各行各业的人们都在以他们自己的方式致力江户野菜的销售和推广，在这样的努力之下，江户野菜成了一大名牌。

江户野菜多为秋冬收获的根菜类和叶菜类蔬菜，几乎在很长的时间里都是作为做腌菜的储粮而发展的，例如全国知名的练马萝卜就是作为制作泽庵腌萝卜的原料而栽培的。京野菜和京都料理捆绑而得到发展，加贺野菜同样与加贺料理一起发展，而江户野菜则是凝聚了平民智慧的储粮型蔬菜，有着与京野菜和加贺野菜不同的质朴的魅力，绝对值得一尝。

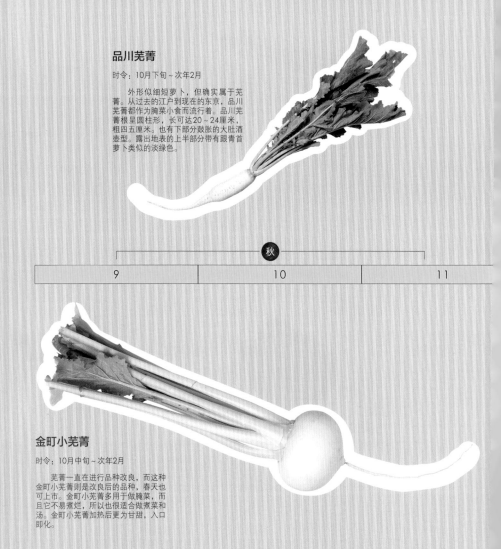

品川芜菁

时令：10月下旬~次年2月

外形似细短萝卜，但确实属于芜菁。从过去的江户到现在的东京，品川芜菁都作为腌菜小食而流行着。品川芜菁根呈圆柱形，长可达20~24厘米，粗四五厘米。也有下部分鼓胀的大肚酒壶型。露出地表的上半部分带有跟青首萝卜类似的淡绿色。

秋

| 9 | 10 | 11 |

金町小芜菁

时令：10月中旬~次年2月

芜菁一直在进行品种改良，而这种金町小芜菁则是改良后的品种，春天也可上市。金町小芜菁多用于做腌菜，而且它不易煮烂，所以也很适合做煮菜和汤。金町小芜菁加热后更为甘甜，入口即化。

江户野菜产地
销售点信息

江户野菜中的练马萝卜和龟户萝卜、泷野川牛蒡等在东京都内的练马区、与练马区接邻的埼玉县新座市的农园中均有栽培。"渡户农园"附设的直营店"农场渡户"（练马区平和台4-3-3）和"丸台大塚好雄商店"（品川区北品川2-2-9※主要为每周二、三）均有零售

- ■ 江户野菜的定义：江户传统蔬菜和东京本土蔬菜的总称
- ■ 现在栽培品种数：7种
- ■ 灭绝了的蔬菜：成子瓜、居留木桥南瓜、砂村茄子等
- ■ 起源：江户时代，居住在江户的大名要求江户的农家种植自己故乡的蔬菜

冬

| 12 | 1 | 2 |

泷野川牛蒡

时令：11月中旬~次年2月上旬

泷野川牛蒡自江户时代起就在武藏野台地的泷野川地区（东京都北区）开始栽培，其根可长达1米。泷野川牛蒡外表野性十足，实则肉质紧实而柔嫩、香甜。现在由于住宅区的建设，泷野川牛蒡的生产地从泷野川转移到了埼玉县新座市。

大藏萝卜

时令：11~12月

大藏萝卜栽培于大藏原地区（世田谷区），1953年进行了品种改良并登记在案。后来因为出现了栽培和收获都更容易的青首萝卜，销售大藏萝卜的人员急剧减少。但是大藏萝卜整体粗细均匀，非常适合做关东煮，所以现在依然很受欢迎。

板车销售方式仍在。兼具历史与传统的

京野菜

京都的餐桌上不可或缺的京野菜。
只在夏天上市的贺茂茄子和
虾芋、菜花等京野菜
随着季节的变化代代传承。

先于全国各地
被认定为京都的传统蔬菜

　　京都多神社、佛阁，因而面向为了
修行而忌荤的僧侣的精进料理比较发
达。再加上京都离海远，很难有鱼虾贝
类，所以京都料理的发展与蔬菜有着密
切的关联。

　　江户幕府成立后设立了京都公馆，
京都成了文化中心，日本各地的农产品
都被运往京都，同时京都的农产品也被

菜花

时令：1月上旬~3月下旬

　　菜花是作为冬季的切花
（剪下来的花枝，用以供佛
或作为插花的材料）而栽培
的，但是只摘取花蕾的话是
可以食用的。现在的菜花已
经是口感佳、带有独特辛味
的春天的风物诗了，腌渍菜
花是京都腌菜的必备菜肴。
菜花营养价值高，β-胡萝
卜素和钙含量约为西蓝花的
3倍。

春

| 3 | 4 | 5 |

京笋

时令：4月上旬~5月

　　从中国传来的竹笋广
布于京都西山，由此而形成
现在的京笋。京笋柔嫩没有
涩味，味甘。除了做嫩芽拌
菜、煮嫩笋、天妇罗，品质好
的京笋还可以和鱼白一起食
用。现在西山从事京笋种植的
农家依然在精心栽培着。

万愿寺辣椒

时令：5月中旬~10月下旬

　　原产于京都府靠近日本
海的舞鹤，近年来成为有名
的辣椒。个头大，肉厚实，
种子少，食用起来很方便，
很受饮食店的欢迎。绿色的
万愿寺辣椒完全成熟后就叫
作红万愿寺，色泽鲜艳，非
常适合喜庆的酒席。

运往全国各地。运到京都的品种由京都周边的农家栽培，培育得更优良的品种则翌年继续播种，这样就培育出了适应京都气候的品种，京野菜就此诞生了。

然而战后的日本流通业迅速发展，过去会出现在各家各户的传统蔬菜减少，人们的饮食生活方式从传统日本转向世界。随着以生蔬菜为重心的消费理念的兴起和更易于栽培的品种的流行等背景的出现，在京都有着悠久历史的本土品种在一段时期内衰退了。

在京野菜衰退的时候，又一股力量随之兴起，那就是复兴日本传统饮食生活的运动。京都先于其他自治体，早在1987年就认定了京都的传统蔬菜种类。

京野菜在江户时代是放在竹篓、木桶里的，由扁担前后吊着，商贩挑着货担边走边卖，形成了独特的销售模式"叫卖"。现在用轻卡是主流的销售模式，但老旧的销售模式依然存在，还是有农家会用板车或者拖车拖着，直接将商品卖给消费者。现在在上贺茂和西阵附近，还有几位大妈是这样贩卖商品的。如果与卖家交好，卖家还可以直接上门销售，有时候

贺茂茄子

时令：6月中旬~9月

个头大，体型浑圆，外形可爱。果肉紧实，沉甸甸的。贺茂茄子不管是煮还是烤都不容易变形，和油的相性非常好。用大量的油可以做田乐，做蔬菜烤肉也别有一番趣味。

京水菜

时令：10~次年6月

京水菜是日本知名的叶菜的代表。叶有锯齿，鲜绿，茎细白，青白的搭配十分好看。过去种植的京水菜都是大株，现在为了便于使用都种植小株的了。京水菜除了做火锅，还很适合做沙拉等生食。

夏
6	7	8

鹿谷南瓜

时令：7月上旬~8月中旬

江户时代时，从东北地区特产中引入的菊南瓜突然变异成葫芦形，也就是现在的鹿谷南瓜。到了明治时代中期，京都的南瓜种类几乎都是鹿谷南瓜。鹿谷南瓜含具有预防中老年病效果的亚麻酸，营养价值令人注目。

壬生菜

时令：10~次年6月

壬生菜因为栽培于中京区的壬生一带而得此名。壬生菜很容易和水菜混淆，叶片边缘呈圆形的是壬生菜，所以它也被叫作圆叶水菜。壬生菜烹饪范围很广，除了和油炸豆腐一起做煮菜，还可以做凉拌菜、腌菜等。

171

走在路上看到正在"叫卖"的卖家，直接叫住他购买即可。京都这样的销售方式可以说是非常富于生活气息了。

在京都，代代相传的从事蔬菜种植的农家都有很强的栽培京野菜的意识。长时间传承下来的京野菜的种苗十分重要，为了避免京野菜的种苗与其他品种交配，这些农家会坚持自家采种，以确保兼具历史与传统的京野菜的正宗的味道能够传承下去。

不只是生产者，就连料理人在这方面的意识也是相当高。这些专注于味道的料理人，不管是制作和食的还是法国料理的，他们为了正宗的味道能够在田里从早待到晚，也算是京都的一道风景了。

金时胡萝卜

时令：12月上旬~次年1月下旬

别名"京胡萝卜"。其实并没有史实记载说金时胡萝卜自明治时代以前就开始以京都为主要产地进行栽培，所以严格意义上来说它并不能算是京都的传统蔬菜，但它又确实是京都料理中不可或缺的一道色彩，自古以来就用在京都料理里。京都栽培的金时胡萝卜尤其柔嫩，整根从外到内都是红色。

秋

| 9 | 10 | 11 |

圣护院萝卜

时令：10月下旬~次年2月下旬

京都的笃农家将尾张国奉纳来的萝卜种植在圣护院，渐渐地，萝卜越长越圆，成了现在的圣护院萝卜。圣护院萝卜微甜，没有一般萝卜的苦味，长时间加热也不会煮变形，入口即化的口感是它的特点。

九条葱

时令：10~次年6月

九条葱是叶葱的代表品种之一，也是京野菜的代名词之一。叶内侧的黏液甘甜顺滑。九条葱可以直接烧烤，也可以做佐料，是京都餐桌上离不开的一个角色。

京野菜产地
销售点信息

　　生产者用板车等拖着商品进行贩卖的销售模式依然存在。在京都市内北部鹰丰的"樋口的蔬菜"，正午左右有商家按"鹰丰—西阵"的路线来回进行"叫卖"（※周日、节假日及暴风雨天休息。每周一次不定时休息）。另外在岁岁京野菜俱乐部中的"可以购买京野菜的店（正宗京野菜销售店）"中有介绍销售京野菜的店铺

- 京野菜的定义：包括品牌京野菜（由京之故里产品协会认证）在内，所有在京都生产的蔬菜的总称
- 现在栽培品种数：47种（京都传统蔬菜+品牌京野菜）
- 灭绝了的蔬菜：郡萝卜、东寺芜菁
- 起源：从平安时代起，京都聚集了很多人和物，江户幕府成立后全国各地的农产品也传到京都。而且京都多寺院神社，京野菜作为精进料理的食材得到了发展

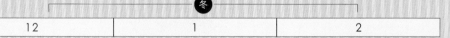

冬

| 12 | 1 | 2 |

虾芋

时令：11～12月下旬

　　在种植从长崎带来的芋头的过程中，芋头渐渐长成了大虾状，我们现在的虾芋就是这么诞生的。虾芋肉质绵密，不易煮烂，味道好。把虾芋和干鳕鱼一起煮是京都家常菜的代表之一。

堀川牛蒡

时令：11月上旬～12月

　　堀川牛蒡形似松树根，纤维柔软，容易入味。当年有农民发现有牛蒡的芽从被丢弃在丰臣秀吉建造的聚乐第的护城河中的蔬菜残渣里长出来，于是考虑栽培2年生的牛蒡，这就是堀川牛蒡的起源。

支撑着食都大阪的饮食文化的

难波传统野菜

大阪有着丰富的饮食文化，
这是其传统蔬菜能培育的背景。
支撑着食都大阪的饮食文化的
就是难波传统野菜

支撑着食都大阪的
种种传统蔬菜

目前被认证为难波传统野菜的蔬菜有17种，有日本洋葱始祖之一的泉州黄洋葱，有个头小、外形有纵向沟壑和瘤子的胜间南瓜，有世界上最长的萝卜守口萝卜等，均为十分有特点的蔬菜。

此外还有食用茎部的八尾牛蒡（八尾叶牛蒡），煮菜中不可缺少的春季蔬菜泉州芡实等多种多样的蔬菜。

泉州黄洋葱

时令：4月中旬~5月中旬

发源于泉南地区。泉州黄洋葱是改良后的产物，以这种洋葱为基础又改良出了早熟的今井早生和极其早熟的贝塚极早生洋葱，可以说它是日本洋葱的始祖之一。今井早生味极甘，贝塚极早生辛中带甘，它们都被叫作"生鱼片洋葱"，适合生食。

	春	
3	4	5

碓井豌豆

时令：4月下旬~5月

明治时代从美国引入羽曳野市碓井地区，是改良后的豌豆。个头小，颜色淡，皮薄，甘味强。关东地区青豌豆比较常见，而关西地区则是这种碓井豌豆比较常见。一般拌饭食用。

大阪能培育出这么多有特点又优质的蔬菜与它的土壤条件是分不开的。大阪平野（河内平野）是大阪的中部至兵库县的东南部分，这里有河内湖，海水与淡水汇于此处，大和川和淀川将砂质土壤带到这里堆积，而这土壤对于培植蔬菜是绝佳的，所以大阪能有种类如此丰富的蔬菜。

而且大阪有大阪湾，自古以来海运和商业都很发达，物流条件优越，全国的物资、人力都汇聚在这里，日式饭馆、饮食店、外卖等与"食"相关的商业十分发达。

由于全国要向大阪运送食材，相应地，腌藏、干燥的保存方法也就被发明出来了。大阪是日本最早流通干货的城市。现在都还留有记录，说明把天王寺芜菁放在竹篱笆上晒干是每年年末至次年初天王寺村都要进行的工作。

大力支持着大阪中心地带的饮食文化的是近邻旧国和近郊的农家，大致可划分出两个区域，"五畿内"和"八村"。以大阪城为中心画一个巨大的圆圈，包括从北部起的山城、摄

毛马黄瓜

时令：6月下旬~8月中旬

发源于大阪市都岛区毛马町。半白型黄瓜，全长30~40厘米，从绿色的顶部开始往下颜色渐渐淡化为白绿色。果肉紧实口感好，果梗部有苦味。毛马黄瓜虽是大阪黄瓜中的传统品种，但它在1935—1945年一度销声匿迹，直到1999年国家研究机关保管的种苗现世后才又出现在人们的视野中。

大阪白菜

时令：5~8月

大阪白菜自江户时代开始栽培，因为大阪市天满附近产量较多，所以又被叫作"天满菜"。很早起大阪人就用大阪白菜做凉拌菜、拌煸青菜、炒菜、腌菜。大阪白菜很容易入味，它和番薯做成的汤是河内乡土料理的一种。

夏

6	7	8

玉造黑门越瓜

时令：6月下旬~8月中旬

因为大阪城的玉造门被涂成黑色，所以又叫作黑门，而玉造黑门越瓜就栽培在玉造门附近，因而得此名。玉造黑门越瓜果实是长约30厘米、直径约10厘米的长圆柱体，外表浓绿而有白色纵向花纹，果肉厚实而紧实，适合做酒糟腌菜，也会销售到奈良做奈良腌菜。

服部越瓜

时令：6月下旬~8月中旬

江户时代起种植于高槻市的塚胁地区。浅绿色的果实上有很淡的花纹，直径可达30厘米。口感清爽，过去有人将用近邻的名牌清酒"富田酒"的酒糟腌制成的腌越瓜献给德川家康，大受赞赏。

津、河内、和泉、大和的这片区域就是"五畿内"。画一个小圈，包括毛马村、守口村、胜间村、今宫村、难波村、天王寺村等在内的区域就是"八村"。这些区域生产现在已被认证为难波传统野菜的鸟饲茄子、高山牛蒡、高山真菜、毛马黄瓜等。

这种日本旧时各国一村落的二重构造保证了农产品可以不间断地生产、运输，促进了大阪饮食文化的繁荣。而且天满有蔬果市场，可以说大阪优秀的笃农家也是人才辈出。

吹田慈姑

时令：12月

江户时代以前，吹田慈姑就自生于吹田市，因为个头小又被叫作姬慈姑，据说丰臣秀吉也喜爱食用。吹田慈姑与现在市场上销售的中国产慈姑不同，个头小，像果子一样甘甜，口感松软，吃完口中留有一丝微苦。吹田慈姑象征着好兆头，是做红烧豆腐等正月料理所不可或缺的材料。

天王寺芜菁

时令：10月下旬~次年1月中旬

发源于大阪市阿倍野区附近，外形扁平，肉质绵密，糖度是普通芜菁的1.5倍。天王寺一带有把天王寺芜菁煮烂蘸酱食用的习惯。长野县的野泽温泉村里一个寺庙的住持把天王寺芜菁的种苗带回去种植，结果只有茎叶生长，就成了现在常用于做腌菜的野泽菜。

	秋	
9	10	11

胜间南瓜

时令：7~9月初

发源于大阪市西成区玉出町（以前的胜间村）的日本南瓜，重约900克，小型，有纵向沟壑。果皮浓绿色，煮熟后会变成红褐色，风味更甚。口感不似西洋南瓜般松软，但因为质地较黏，不仅可以做煮菜，还可以做布丁等点心。最近流行把这种南瓜做容器使用。

田边萝卜

时令：11~次年1月

田边萝卜是大阪市东住吉区（以前的东成郡田边地区）特产的白首萝卜，根身是白色的圆柱体，底部稍许鼓胀。肉质稍密，不易煮烂。生食辛味强，多做煮萝卜蘸酱。过去会在田边萝卜长大前就收获，做佐料使用。

难波传统野菜产地
销售点信息

毛马、守口等地（5个村庄）盛行栽培难波传统野菜，现在依然有从事此业的农家。在大阪市中央批发市场里也有从事难波传统野菜销售的中间批发商，不过一般难波传统野菜都是直接销售的模式。图中地点就是进行难波传统野菜的生产、销售以及加工的地方

- 难波传统野菜的定义：①约100年之前就栽培于大阪府内的蔬菜；②种苗来历清晰，是大阪独有的品种，种苗可确保栽培的蔬菜；③大阪府内生产的蔬菜
- 现在栽培品种数：17种
- 灭绝了的蔬菜：大阪四十日芋、天满萝卜
- 起源：江户时代的大阪是物流中枢，十分繁荣，其独特的饮食文化得以发展下来。大阪近郊的农村盛行栽培农产品

冬

| 12 | 1 | 2 |

守口萝卜

时令：12月初~12月中旬

发源于大阪天满宫一带。丰臣秀吉很喜欢大阪宫前的萝卜做成的菜肴，给它取名为"守口腌菜"，守口萝卜的名字就是这么来的。守口萝卜直径仅数厘米，全长可达130~150厘米，外形细长，辛味强劲，是世界上最长的萝卜，也是用酒糟做的守口腌菜的原材料。

高山真菜

时令：12~次年4月中旬

江户时代起就栽培于丰能町高山地区，因为处于深山之中，至今都没有和其他品种杂交，几乎保持了最原始的状态。茎柔软，甘甜。一般在花开之前，把嫩叶和花蕾用盐腌渍后食用，近年成为法国料理店和意大利料理店的宠儿。

被乡土情唤醒的金泽的象征

加贺野菜

金泽市以之为荣的特产。
没有可以全年上市的蔬菜,
多为时令蔬菜。
在加贺野菜的历史中,它一直是
加贺的乡土料理中不可缺少的一部分。

加贺野菜的品牌就是
品质的保证

加贺野菜自藩政时代就开始栽培,
是石川县金泽市的传统蔬菜。

"加贺野菜"的名称是近年来才有
的,以前都被叫作品牌野菜,当然,不
管它叫什么名字,都是金泽市自古以来
的日常食用蔬菜。金泽自然条件优越,
自古以来农业就很发达,作为城下町,
金泽很繁荣,人口也很多。为了能够供

加贺太黄瓜

时令: 3月下旬~11月下旬

1936年金泽的农家将东
北系的短粗黄瓜和加贺节成
自然交配,1942年培育出了
现在的加贺太黄瓜。加贺太
黄瓜重约1千克,果肉厚实
柔嫩,可加热,生食微苦,
但这种古老的黄瓜的味道也
是别有一番滋味的。

	春	
3	4	5

金时草

时令: 5月下旬~10月下旬

金时草是从中国来的菊
科多年生草本植物,菜叶内
侧为红紫色。金时草的菜叶
可以做拌焯菜叶或者三杯醋
拌菜,这可是夏天的必备。
金时草加热后会有黏液出
来,叶脉会更明显,口感
爽脆。

给食粮，江户时代栽培了很多蔬菜，有些现在都没有被认证为加贺野菜。

　　然而，1965年左右出现了抗虫能力强、易栽培、产量大的蔬菜，这种新蔬菜迅速占领市场，导致传统蔬菜瞬间销声匿迹，最严重的时候只有一户农家还在栽培加贺野菜中的代表性蔬菜之一——乡土料理中不可缺少的——源助萝卜。

　　正在这时，人们意识到了这样下去乡土料理也会消亡，以当地的生产者为中心，保护并普及传统蔬菜的呼声四起。1991年，金泽市和农协正式采取行动。1997年金泽市农产品品牌协会将加贺野菜定义为"1945年以前就开始栽培、现在也主要在金泽栽培的蔬菜"。

　　1997年认证了番薯、加贺莲藕、竹笋、加贺太黄瓜、金时草、蒂紫茄子、源助萝卜、水芹、打木赤皮甘栗南瓜、加贺一本太葱这10种蔬菜为加贺野菜。1998年4月又认证了加贺蔓豆、二塚芥子菜、红芋茎，2002年5月认证了慈姑，2003年5月认证了金泽春菊，至此认证了这15种蔬菜为加贺野菜，并在日本全国范围内宣传推广。

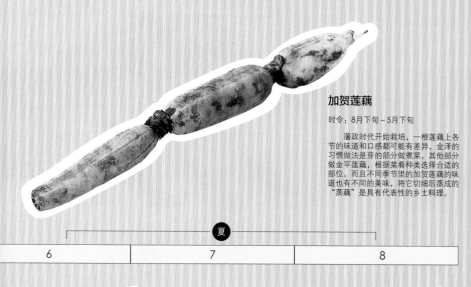

加贺莲藕

时令：8月下旬~5月下旬

　　藩政时代开始栽培，一根莲藕上各节的味道和口感都可能有差异，金泽的习惯做法是芽的部分做煮菜，其他部分做金平莲藕，根据菜肴种类选择合适的部位。而且不同季节里的加贺莲藕的味道也有不同的美味，将它切细后蒸成的"蒸藕"是具有代表性的乡土料理。

夏

6	7	8

打木赤皮甘栗南瓜

时令：5月下旬~8月下旬

　　1943年金泽从福岛县引进赤皮栗南瓜，经改良培育出现在的打木赤皮甘栗南瓜。在黑皮栗种的惠比寿南瓜成为市场主流之前，在金泽提到南瓜指的就是它了。打木赤皮甘栗南瓜甘味强，皮薄，肉嫩，切薄片做沙拉非常美味。

红芋茎

时令：7~9月

　　芋茎是指芋头（八头芋）的茎的部分。叶柄呈红色，专供食用的品种（八头芋、白翠）就叫作红芋茎。夏天清爽的醋拌红芋茎舌感黏腻与齿感爽脆完美结合，是必备的菜肴。红芋茎还可以做腌菜和干芋茎。

现在被认证为加贺野菜的有15种，这个数目以后也不会增加了，这是出于"所谓品牌就是要保证品质，保护现在的15种加贺野菜，坚持生产品质优良的产品，才能延续加贺野菜的历史，才能将加贺野菜推向世界"的考量。

　　现在加贺野菜已经是金泽的符号，可以说是金泽人的乡土情唤醒的蔬菜，这个名字就代表了高品质，是非常具有意义的称号。

源助萝卜

时令：10月下旬～次年1月中旬

　　源助萝卜出生于1942年，1958年金泽市安原地区正式开始栽培。源助萝卜外形呈矮胖的圆柱体，肉质柔嫩，虽有辛味，煮后甜味会增强，非常美味，而且不容易煮烂，非常适合做关东煮。

秋

| 9 | 10 | 11 |

蒂紫茄子

时令：6月中旬～10月下旬

　　蒂紫茄子是从中国北部经由朝鲜半岛引进日本的，是矮卵形、水分少的小型茄子。皮薄而有光泽，肉质柔嫩。人们可能更熟悉它的另一个名字圆茄子。最适合做一夜渍（一夜速腌渍成的腌菜）和煮菜。用鱼酱腌渍一夜而制成的鱼酱渍也很有名。

加贺蔓豆

时令：6月中旬～10月下旬

　　"蔓豆"是石川县的叫法，正式的名称其实是扁豆。加贺蔓豆露地栽培于金泽市的山麓。加贺蔓豆与蒂紫茄子和素面一起煮出来的煮菜是当地夏天的传统菜肴，也是当地一绝。加贺蔓豆还可以做凉拌菜和天妇罗。因它生命力强且产量大，又被叫作"傻瓜豆"。

加贺野菜产地
销售点信息

　　加贺蔬菜都是在金泽栽培的蔬菜，有很多都是一年内只销售一段时间的，基本上都是当地自销。蔬果匠人北形谦太郎经营的"北形青果"（石川县金泽市近江町市场）销售以金泽市的加贺野菜为主的多种季节的蔬菜

■ 加贺野菜的定义：1945年以前就开始栽培、现在主要在金泽栽培的蔬菜
■ 现在栽培品种数：15种
■ 灭绝了的蔬菜：一尺胡萝卜、中吸入二年子萝卜等
■ 起源：临山傍海的气候风土为金泽的饮食文化提供了基础。因为交通不便，为了能够自给自足，人们开始进行少量多种的食物生产，加贺野菜就是这么诞生的

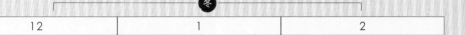

冬

| 12 | 1 | 2 |

二塚芥子菜

时令：2~3月下旬

　　二塚芥子菜在1912—1965年的这段时间里，作为绿肥撒在金泽市二塚地区的水田里，进行无肥料栽培。二塚芥子菜的茎叶带有辛味，将它焯一下，撒上盐拍一拍可以去辛，若是用尼龙袋密封起来放冰箱冷藏3~4小时就会做成辛味很强的腌菜。

慈姑

时令：11月下旬~12月下旬

　　大正时代起金泽即有青慈姑销售，最兴盛时有超过30家农家栽培，不过现在只有6家了。慈姑的外形好似有芽冒出，其谐音在日本有"碰上好运"之意，所以慈姑常用于正月料理中和有喜事时。一般慈姑用来做煮菜。

为生活润色，来了解一下植物的魅力吧

药草图鉴

药草水灵而充满生命力，它的芳香与风味中蕴含着各种神秘的力量。
让我们来了解一下自古以来就很受重视、珍爱的药草，为我们的生活添彩吧。

取材协助：药草岛蔬菜花园（Herb Island Vegetable Garden）

在没有药的年代，它承担了治疗一职
治愈人们的身心
它是温柔而可靠的大地的气息

药草历史悠久，公元前时就在人们的生活中扮演重要角色，得到人们的重视和珍爱。药草（herb）的词源来自拉丁语中表示草的含义的Herba，日本有时称香草，有时称药草，总之药草是自生于人类生活空间里、有用的绿色植物的总称。

药草具有多种药效，在还没有发明药的年代里，它就充当了治疗药物的角色，与人们的生活息息相关。药草虽没有现代医药品这般强劲的药效，但它可以和缓地促进身心运动，提高人类本身的自愈能力，而且还没有药物的副作用。药草有助于促进消化和血液循环，强身健体，提高免疫力。意志消沉、焦躁以及身心平衡崩溃时，药草有助于将身心状态回归正常水平。药草的这些功效都是得到了医学证明的。

现在大家对药草都习以为常了，但实际上日本市场上销售西洋和亚洲的药草也就是这20年间的事。在这之前，日本的药草多原产于欧洲，也没有普及到民众的生活当中。日本最早的药草花园"药草岛"是直到1988年才现身于千叶县的。药草当然并不都来自欧洲，日本原产的药草也有很多，比如山葵、紫苏、花椒、水芹、葛等，这些自古以来就受到人们的重视，是日本的传统药草。

拓展药草的趣味

饮品

身心
舒畅

新鲜的药草带有清爽的风味与香气，干药草也别有趣味。处理新鲜的药草时应洗干净后去除水分，用手揉搓后使用。

料理

最适合做菜肴中的
调味品

只要少量就可以用于菜肴中提味。用橄榄油、西洋醋腌渍可以做成很香的调味料，加点大蒜可以做成酱料。

香料

药草可以做百花香薰香，它的香气有安眠和驱虫效果，可以把干药草装在袋子里做成香囊，放在包里或车里。

美容

有助于
美容与保持健康

药草具有促进血液循环以及镇静的作用，还有保湿效果，能够调和肌肤。身心状态、药草不仅养颜还能……

药草渐渐渗入我们的生活，现在日本也会自主种植药草，享受药草带给生活的乐趣的人也越来越多。药草的魅力之一在于它的用途很广，它不仅可以做菜肴中的调味料，还可以泡茶、做入浴剂、护肤、做百花香薰香、做芳香疗法的精油等，可以用在生活中的种种方面。

栽培不难的药草可以自生。栽培药草时的诀窍在于其生长环境要接近它原产地的情况。

适用于料理的
药草

在菜肴中加点药草就有可能美味加倍。
根据原料和用途选择合适的药草，享受药草的好处吧。

图标种类　　🍴……料理　🥤……饮品　🧴……护理　✦……手工艺品　🏠……香氛

牛至
Oregano

🍴 🥤 ✦ 🏠

分类：	唇形科/多年生草本
别名：	荷兰芹
原产地：	地中海沿岸
可用部分：	叶、茎

强烈的芳香可活用于料理中

特征

牛至是马郁兰的同类，因野性十足而又被称为野性马郁兰。牛至是自古以来就被人们使用的食用型药草，生命力及繁殖能力顽强，夏天会开满小花。

使用方法

牛至有香料味和辣乎乎的辛味，最适合做菜肴中的佐料以及除臭。适合用于番茄、肉、鸡蛋、芝士料理中。泡茶喝有强身健体、促进消化之效。

栽培要点

牛至喜欢阳光充足、干燥且肥沃的生长环境，在春天进行条播。牛至不喜潮湿，注意水不要浇多。

药草 ● 02

有喙欧芹
Chervil

🍴 🧴

分类：	伞形科/一年生草本
别名：	雪维草
原产地：	欧洲东南部～西亚
可用部分：	叶、花、茎

有着细腻的香气与风味

特征

有喙欧芹在法语中叫作cerfeuil，它用途广泛，又被称为"美食家的药草"。有喙欧芹的叶子纤巧翠绿，高可达30～60厘米，夏天会开很多白色的小花。

使用方法

有喙欧芹香气似欧芹，风味温和，什么菜肴中都能使用。生的叶子很纤细，可以切碎后撒在做好的菜肴上。有喙欧芹有促进消化的作用。

栽培要点

有喙欧芹喜阳光直射不到的半阴凉环境，在春天或秋天直接播种，要注意浇水。

专栏

药草使用注意事项

收获药草的时间，叶应当在花开前收获，花应该在开得最好时收获。鲜度就是药草的生命，所以最好在使用之前采摘。使用还带着泥的药草或者是从店里购买的药草时要先用水洗干净，然后去除水分使用。还要注意的一点是药草中含有的成分不宜肾脏不好的人和孕妇使用，这类人群需要注意。

药草 ● 03

芫荽
Coriander

分类：	伞形科/一年生草本
别名：	香菜
原产地：	地中海沿岸
可用部分：	叶、茎、种、根

民族料理中的必备药草

特征 - - - - - - - - - - - - - - -

芫荽，也就是我们所说的香菜。初夏时芫荽会开白色的小花。芫荽有强烈而独特的香气，有助于增强食欲，对消化器官方面的症状也有一定疗效。

使用方法 - - - - - - - - - -

活用芫荽香气强烈的叶子，可以去除鱼肉腥味，撒在汤上，做沙拉里的装饰等。芫荽种子有甜香味，可以用在西式腌菜、腌泡菜、煮菜中做佐料。

栽培要点 - - - - - - - -

在春天或初秋直接播种，芫荽喜日照充足、泄水好、肥沃的生长环境。注意过湿的环境会导致根部腐烂。

药草 ● 04

莳萝
Dill

分类：	伞形科/一年生草本
别名：	草茴香（西班牙语eneldo）
原产地：	欧洲南部~亚洲西南部
可用部分：	叶、花、茎、种子

最适合做鱼菜中的佐料

特征 - - - - - - - - - - - - - - -

莳萝叶上有像丝一样细的锯齿，鲜绿，有清爽的芳香。分枝，高可达60~100厘米。春天至初夏会开黄色的小花。

使用方法 - - - - - - - - - -

莳萝叶和鱼、马铃薯相性非常好，一同料理风味倍增。莳萝种子有热辣的辛味，可以用在西式腌菜和西洋醋里腌泡。

栽培要点 - - - - - - - -

在春天或初秋直接播种，秋播的莳萝植株会长得比较大。莳萝是直根系植物，个头比较大，最好耕深一点。

罗勒
basil

分类：	唇形科/一年生草本
别名：	意大利语basilico
原产地：	热带亚洲
可用部分：	叶、茎、种子

香味浓郁，意大利料理必备

特征 --------------

罗勒种植很简单，生长快，所有品种均可食用。茎叶柔软，有可促进食欲的浓郁香味。代表品种有甜罗勒（sweet basil）、柠檬罗勒（lemon basil）、锡兰肉桂罗勒（cinnamon basil）等。

使用方法 -----------

可生食，可做比萨和意大利面的顶部配料。叶加热后会变黑，最好最后放。罗勒还可以搅成糊状用橄榄油腌泡。罗勒具有杀菌、解热、强身健体之功效。

栽培要点 -------------

罗勒耐暑但不耐寒，适合温暖、保湿性好、肥沃的土壤。春季至夏季播撒在比较扁平的花盆中。

欧芹
Parsley

分类：	伞形科/二年生草本
别名：	荷兰芹
原产地：	地中海沿岸
可用部分：	叶、茎

配料中不可缺少的名角

特征 --------------

欧芹中，叶皱缩的皱叶香芹和叶平展的平叶欧芹比较知名。收获时按茎采摘。

使用方法 -----------

推荐将生欧芹的叶子切碎后加入意大利面、软煎鸡蛋卷等料理中。欧芹叶含有丰富的维生素类和矿物质。欧芹还具有防腐效果，可以用在生鱼片、干酪生牛肉片（carpaccio）中。

栽培要点 -------------

欧芹喜日照好、有湿气的生长环境。在春季至夏季播撒，欧芹缺水则风味会大打折扣，一定要注意按时定量浇水。

马郁兰
Marjoram

分类：	唇形科/多年生草本
别名：	墨角兰
原产地：	地中海东部沿岸
可用部分：	叶、花、茎

与肉菜相性非常好

特征 --------------

马郁兰与牛至同属一类，又叫作墨角兰，初夏时圆圆的花蕾会开出很多白色的小花。马郁兰微甘，带有纤细的芳香，与肉菜相性非常好。

使用方法 -----------

茎叶分开使用。马郁兰的芳香中没有涩味，适用于各种菜肴，用途很广，其中与肉菜的相性特别好，可以去除肉腥味，还可以做调味汁。

栽培要点 -------------

马郁兰喜日照、通风好，略干燥的生长环境，不耐太湿的环境，注意水不要浇多。春季或秋季播种在苗床上。

寒金莲
Garden Nasturtium

分类:	旱金莲科/多年生草本
别名:	金莲花
原产地:	哥伦比亚、秘鲁、玻利维亚
可用部分:	叶、花、茎、果实

因花色鲜艳而受欢迎

特征

金莲花有红色、橙红色、黄色、橘色等鲜艳的花色，因而很受欢迎。金莲花高可达20~60厘米，蔓性可达3米，有多种栽培方式。

使用方法

花、叶、果实均可食用，均为火辣的辛味。金莲花的叶和花可以做沙拉或三明治，种子可以醋泡，代替刺山柑做腌泡菜肴。

栽培要点

金莲花喜光照好的生长环境。春天直接播种，一直到发芽期间都不能断水，要避寒以及盛夏太阳直射。

茴香
Fennel

分类:	伞形科/多年生草本
别名:	小茴香
原产地:	欧洲南部~亚洲西部
可用部分:	叶、花、种子

纤巧的叶子最适合做香辛料

特征

亮绿而纤细的叶子从顶部开始遍布枝上，株高可接近2米。初夏会开黄色的伞形小花。茴香有独特的芳香。

使用方法

茴香的芳香可以用于菜肴中提味，非常适合做香辛料，其中它与鱼菜的相性非常好，常用来做香草烧鱼。茴香种子风味清新，适合做西式泡菜。

栽培要点

茴香喜光照条件及泄水条件好的生长环境，畏旱，注意要保持水汽。即使是随意撒落的种子也很容易发芽。

月桂
Laurel

分类:	樟科/常绿小乔木
别名:	月桂树
原产地:	地中海沿岸地区
可用部分:	叶

烹饪中的提味法宝

特征

月桂是常绿小乔木，一直可以收获，相对而言是比较容易培育的药草，也很适于在庭院、建筑物前栽植。新鲜月桂香气浓郁中带有微苦，干月桂是较为温和的甜香。

使用方法

新鲜月桂和干月桂都很适合做烹饪中的香辛料，根据需求选择适合的即可。月桂具有缓解疲劳的效果，因此可以做入浴剂，它还具有防虫、防腐效果，故而又可以放在米桶里驱虫。

栽培要点

春季或秋季种苗，温暖的地方可高达10米以上。稍耐阴，但畏寒，不可以种植在寒冷的地方。

适用于饮品的药草

色泽通透、香气浓郁、舒缓身心的香草茶。
按药草功能搭配，享受它们的组合吧。

图标种类　▮▮……料理　▯▮……饮品　▮……护理　▦……手工艺品　▯……香氛

药草 ● 01

洋甘菊
Chamomile

▮▮ ▯▮ ▮ ▦ ▯

分类：	菊科
别名：	母菊
原产地：	欧洲~亚洲
可用部分：	叶、花、茎

在舒缓的甜香中放松身心

特征

洋甘菊姿态可爱，有着类似苹果的甜香，是很受欢迎的一种药草。花用于泡茶的一年生草本德国洋甘菊为代表品种。多年生的罗马洋甘菊的花、叶、茎均有芳香。

使用方法

洋甘菊舒缓的甜香味道像青苹果，用途广泛，比如饮品、甜点、百花香薰香等。洋甘菊具有镇静、舒缓之功效，有助于睡眠。

栽培要点

洋甘菊种子细小，一般在春季或秋季撒播。即使是随意播撒的种子也很容易培植。洋甘菊不耐高温和干燥。

药草 ● 02

天竺葵
Geraniuma

▮▮ ▯▮ ▮ ▦ ▯

分类：	牻牛儿苗科/多年生草本
别名：	洋葵
原产地：	非洲南部
可用部分：	叶、花、茎

享受多彩的芳香

特征

天竺葵有不同香味的品种，除了比较有代表性的蔷薇天竺葵，还有柠檬、苹果、椰子、锡兰肉桂天竺葵等。天竺葵易栽培，可种植在庭院里或花盆里，因此人气也很高。

使用方法

蔷薇天竺葵加在蛋糕、果冻等甜品里会很香甜。花可用作装饰放在饮品里。其他品种的天竺葵可以做百花香薰香，也可以做入浴剂。

栽培要点

天竺葵种子一般比较难买到，所以都是从苗开始栽培的。虽然天竺葵较易栽培，但它御寒能力差，晚秋季节最好种在花盆里。

专栏

药草保存注意事项

新鲜药草需要用塑料袋密封，放冰箱里冷藏保存，可存放数日。要使用干药草的话则放在避免阳光直射、通风好的地方阴干，因为药草受到阳光直射会香气减弱、颜色变淡。保存薄荷这种不耐干燥的药草时应当冷冻，这样才能保持其颜色和风味。

药草 ● 03

鼠尾草
Sage

分类：	唇形科
别名：	洋苏草
原产地：	地中海沿岸
可用部分：	叶、花、茎

治愈身心的万能药草

特征 - - - - - - - - - - - - - - -

鼠尾草具有促进消化、强化肝脏运作、安定神经的作用，其浓郁的芳香能够治愈人们的身心，可以说是个万能药草。鼠尾草有很多形态颜色各异的品种。

使用方法 - - - - - - - - -

鼠尾草香味浓郁，带有微苦，最适合用于肉菜类脂肪含量高的菜肴中提味。鼠尾草具有强身健体之功效，泡茶喝有缓解疲劳的效果。它还有杀菌作用，可以抑制口臭。

栽培要点 - - - - - - - - -

日照条件好、通风、泄水好的环境里即可轻易栽培。春季及秋季播种，植株间距最好大一点。

药草 ● 04

百里香
Thyme

分类：	唇形科/半灌木
别名：	麝香草
原产地：	地中海沿岸
可用部分：	叶、花、茎

用途广泛的宝贝

特征 - - - - - - - - - - - - - - -

叶细小而略厚、多。春天会开粉色和白色的小花。除了最受欢迎的普通百里香，其他还有柑橘系香气的柠檬百里香等品种。

使用方法 - - - - - - - - -

百里香的芳香清爽而独特，可以活用于从烹饪到香囊的各个方面。百里香具有杀菌、防腐、强身健体的作用，泡茶喝对感冒、咳嗽也有效果。

栽培要点 - - - - - - - - -

百里香耐暑耐干，但不耐潮热，需要种植在通风好的环境中。浇水不可过多。春季或秋季用育苗箱播种。

薄荷
Spare Mint

分类：	唇形科/多年生草本
别名：	野薄荷
原产地，	欧洲
可用部分：	叶、花、茎

充满清凉感的香气让它大受欢迎

特征

薄荷带有可以通鼻的清凉芳香，这种芳香来自薄荷特有的成分薄荷醇。薄荷有约30种品种，比如胡椒薄荷、清凉薄荷等。

使用方法

用热水泡的薄荷茶对于胃部不适和感冒初期症状有效果。薄荷具有促进消化、杀菌作用，除了做肉菜的香料、用于甜点等烹饪中，还可以做香氛和入浴剂。

栽培要点

薄荷对环境条件适应能力较强，繁殖力旺盛，播撒种子种出来的薄荷香味会有差异，最好从育苗开始培植。

留香兰

最受欢迎的品种，甜甜的清凉感，风味温和。最适合泡茶

苹果薄荷

苹果薄荷兼具苹果和留香兰的香甜气味。适合用于鱼菜、肉菜以及做调味汁等

胡椒薄荷

叶浓绿色，清爽的薄荷醇的香气浓郁。利用其香味可做香囊

柠檬草
Lemon Grass

分类：	禾本科/多年生草本
别名：	香茅
原产地：	印度
可用部分：	叶

柠檬般清爽

特征

柠檬草原产于印度，叶细长似芒草，可长至100～150厘米。柠檬草有柠檬般清爽的香味，具有镇静、镇痛、驱虫的效果。

使用方法

生的柠檬草可以切碎加入意大利面和软煎鸡蛋卷里。柠檬草叶富含维生素类和矿物质，还具有防腐效果，可以加在生鱼片和干酪生牛肉片等料理中。

栽培要点

柠檬草防暑能力强，御寒能力差，晚秋时节需要种植在花盆里。柠檬草种子比较难买，可以从苗开始栽培。

迷迭香
Rosemary

分类:	唇形科/灌木一年生草本
别名:	艾菊
原产地:	地中海沿岸
可用部分:	叶、花、茎

清新香气四溢

特征

迷迭香的香气具有清凉感，叶似松叶般细长。秋季至春季会不定期开浅色小花。根据茎是直立生长还是横向生长可分为直立迷迭香和匍匐迷迭香。

使用方法

迷迭香的叶、茎最适合用于肉菜和鱼菜中做佐料以及去除鱼肉腥臭。迷迭香叶有防止氧化作用，可以用于保存原料。它还具有镇痛效果，可以缓解肌肉疲劳，常用于入浴剂和化妆水中。

栽培要点

需要种植于日照、通风条件好的环境里。迷迭香不耐冬季的寒风。植株间距最好大一点，春季将原种播种在育苗箱里。

柠檬香蜂草
Lemon Balm

分类:	唇形科/多年生草本
别名:	西洋山薄荷
原产地:	欧洲南部
可用部分:	叶、花、茎

带来元气的柑橘系香味

特征

叶卵形，翠绿色，高可达50～80厘米。芳香似柠檬，有促进消化、发汗以及镇静的作用，是情绪低落时可以给你带来元气的药草。

使用方法

用在鱼菜、肉菜里做佐料，泡茶，做果冻、蜜饯等甜点均可。柠檬香蜂草叶干燥后会损失风味，最好趁新鲜使用。其具有舒缓效果，也很适合做入浴剂。

栽培要点

种子十分细小，最好用厚纸装着进行条播。柠檬香蜂草喜略湿、肥沃的土壤，注意按时定量浇水。

野草莓
Wild Strawberry

分类:	蔷薇科/多年生草本
别名:	森林草莓
原产地:	欧洲、西亚、北美
可用部分:	叶、花、茎、果实

烹饪中的提味法宝

特征

野草莓在春季和秋季会开白色的小花，结比草莓小一圈的果实。果实富含维生素C和矿物质，对于贫血等有效果，生食味酸甜，香味浓郁。

使用方法

生果实可以做果汁，还可以煮成果酱，做野草莓派，冰镇后放入利口酒中。叶泡茶有利尿、强身健体之效。

栽培要点

春季或秋季播种在育苗箱里，边间苗边培育。野草莓不耐干燥，需要适量浇水。此外，野草莓还不耐高温。

YASAI NO KISOCHISHIKI
© EI Publishing Co.,Ltd. 2011
Originally published in Japan in 2011 by EI Publishing Co.,Ltd.
Chinese (Simplified Character only) translation rights arranged with
EI Publishing Co.,Ltd. through TOHAN CORPORATION, TOKYO.

图书在版编目（CIP）数据

蔬菜的基础知识 / 日本株式会社枻出版社编 ；李享
译. — 北京：北京美术摄影出版社，2021.4
 ISBN 978-7-5592-0406-6

 Ⅰ. ①蔬… Ⅱ. ①日… ②李… Ⅲ. ①蔬菜—基本知
识 Ⅳ. ①S63

中国版本图书馆CIP数据核字(2021)第012977号

北京市版权局著作权合同登记号：01-2018-1945

责任编辑：耿苏萌
助理编辑：魏梓伦
责任印制：彭军芳

蔬菜的基础知识
SHUCAI DE JICHU ZHISHI

日本株式会社枻出版社　编
李　享　译

出　版　北 京 出 版 集 团
　　　　北京美术摄影出版社
地　址　北京北三环中路 6 号
邮　编　100120
网　址　www.bph.com.cn
总发行　北京出版集团
发　行　京版北美（北京）文化艺术传媒有限公司
经　销　新华书店
印　刷　天津图文方嘉印刷有限公司
版印次　2021 年 4 月第 1 版第 1 次印刷
开　本　880 毫米 × 1230 毫米　1/32
印　张　6
字　数　170 千字
书　号　ISBN 978-7-5592-0406-6
审图号　GS（2018）5673 号
定　价　79.00 元

如有印装质量问题，由本社负责调换
质量监督电话　010-58572393